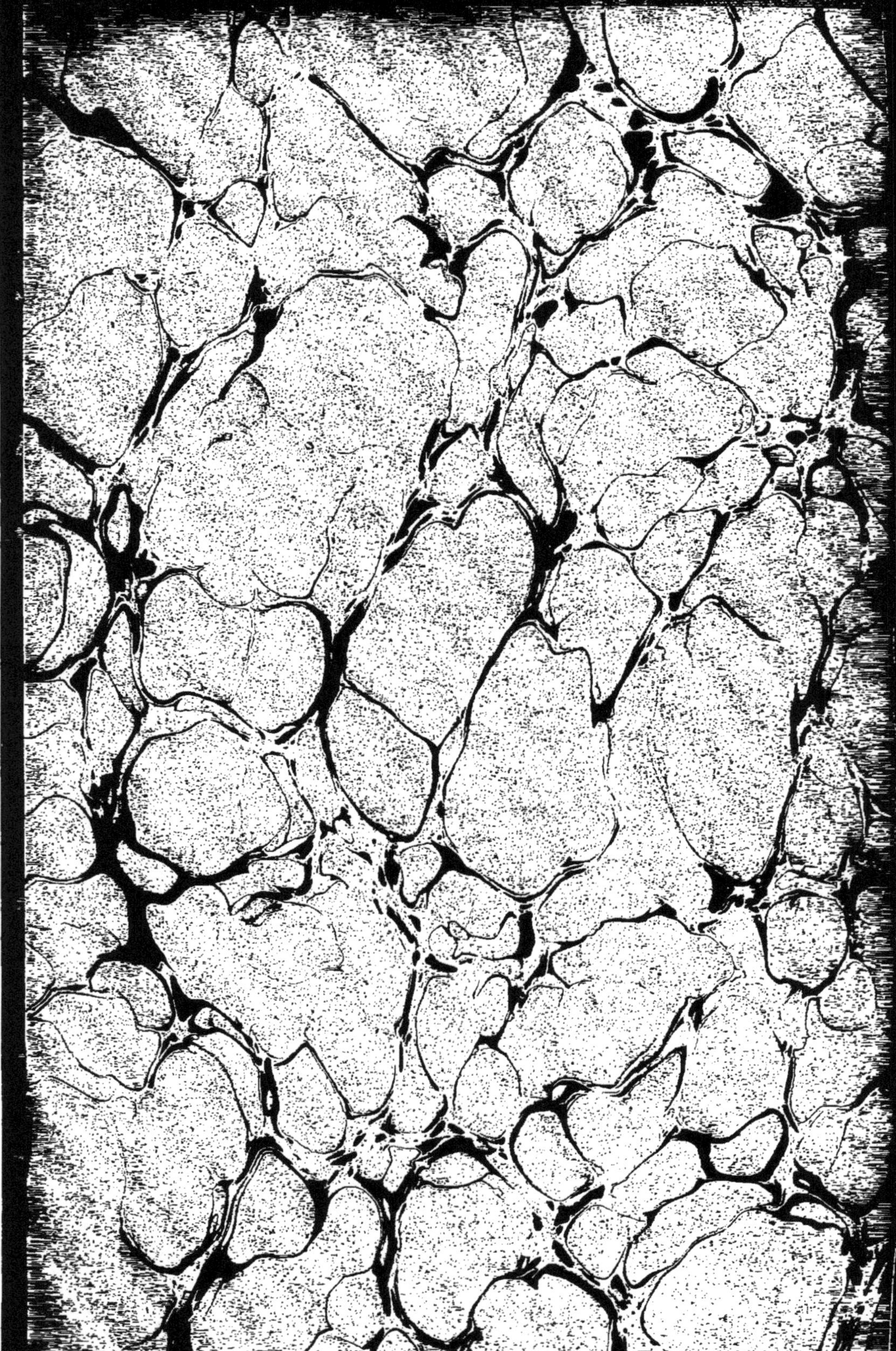

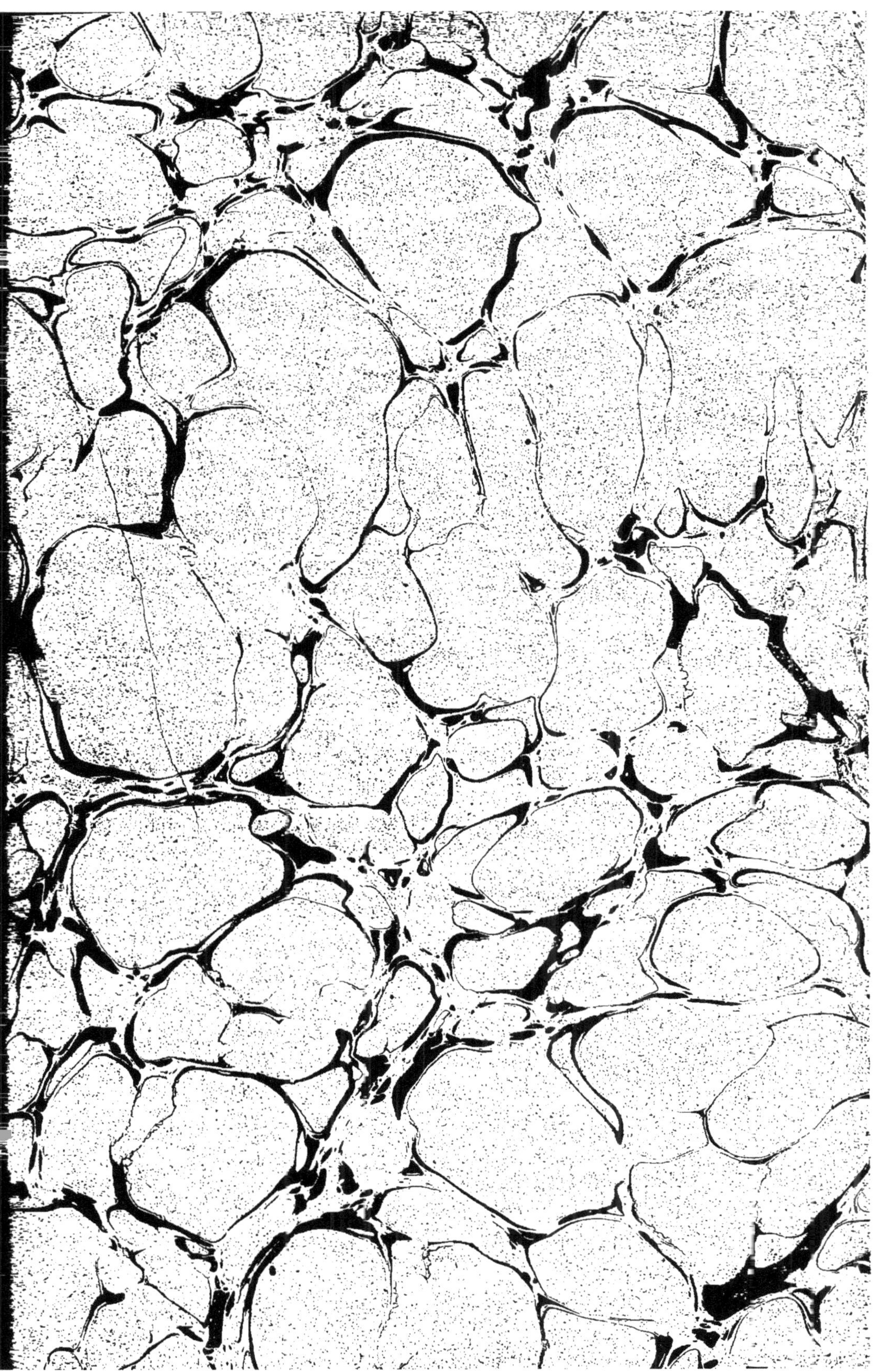

MACHINES ET ATELIERS

DE

PRÉPARATION DES ALIMENTS

DU BÉTAIL

**BRISE-TOURTEAUX. — APPAREILS A CUIRE LES ALIMENTS DU BÉTAIL
APPAREILS A CHAUFFER L'EAU. — BROYEURS DE TUBERCULES
ATELIERS DE PRÉPARATION MÉCANIQUE DES ALIMENTS DU BETAIL**

PAR

MAXIMILIEN RINGELMANN

PROFESSEUR DE GÉNIE RURAL A L'ÉCOLE NATIONALE DE GRIGNON
DIRECTEUR DE LA STATION D'ESSAIS DE MACHINES AGRICOLES

Ouvrage contenant 120 figures

PARIS

LIBRAIRIE AGRICOLE DE LA MAISON RUSTIQUE

26, RUE JACOB, 26

MACHINES ET ATELIERS

DE

PRÉPARATION DES ALIMENTS

DU BÉTAIL

TRAITÉ DES MACHINES AGRICOLES

(Publié par fascicules se vendant séparément)

MACHINES ET ATELIERS

DE

PRÉPARATION DES ALIMENTS

DU BÉTAIL

BRISE-TOURTEAUX. — APPAREILS A CUIRE LES ALIMENTS DU BÉTAIL
APPAREILS A CHAUFFER L'EAU. — BROYEURS DE TUBERCULES
ATELIERS DE PRÉPARATION MÉCANIQUE DES ALIMENTS DU BÉTAIL

PAR

MAXIMILIEN RINGELMANN

PROFESSEUR DE GÉNIE RURAL A L'ÉCOLE NATIONALE DE GRIGNON
DIRECTEUR DE LA STATION D'ESSAIS DE MACHINES AGRICOLES

Ouvrage contenant 120 figures

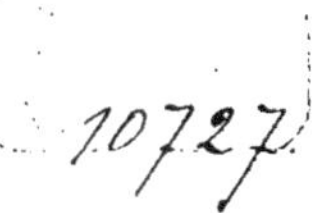

PARIS

LIBRAIRIE AGRICOLE DE LA MAISON RUSTIQUE

26, RUE JACOB, 26

—

1895

NOTE DE L'ÉDITEUR

La situation agricole et économique du continent européen, en face
de la concurrence des pays neufs, oblige nos agriculteurs à résoudre deux
problèmes : l'augmentation des récoltes et l'abaissement du prix des travaux. Pour le premier, il s'agit d'employer des semences sélectionnées
et d'appliquer judicieusement les engrais et les bonnes méthodes de
culture. On ne peut parvenir à résoudre le second que par l'emploi des
machines et des instruments agricoles, dont le développement s'est
rapidement accentué, chez nous, depuis un quart de siècle.

Nous avons demandé à M. Maximilien Ringelmann, le savant professeur de génie rural à l'École nationale d'agriculture de Grignon, de bien
vouloir entreprendre la rédaction d'un traité à la fois scientifique et pratique, sur les machines agricoles.

Sans parler de la collaboration que M. Ringelmann nous donne
depuis si longtemps au *Journal d'agriculture pratique*, pour toutes les
questions se rapportant aux machines agricoles, nul n'était mieux dési-
gné pour mener à bien cette tâche difficile, que le directeur de la Station
d'essais de machines, qui a pu contrôler, par la pratique et sur le terrain,
toutes les données scientifiques recueillies dans son laboratoire.

Mais pour être complète, une publication d'ensemble formerait un
énorme volume, trop coûteux et d'un maniement difficile.

Nous avons pensé qu'il serait utile et intéressant de publier ce traité
par fascicules séparés et indépendants les uns des autres. Rien n'obligera
à prendre tel groupe de machines avant tel autre ; les charrues peuvent,
par exemple, s'étudier à part des faucheuses et des batteuses. Nous

n'avons pas besoin de dire que c'est là un travail de longue haleine, pour lequel nous avons dû laisser toute latitude à l'auteur. M. Ringelmann veut n'aborder que successivement les divers chapitres de cette œuvre, au fur et à mesure qu'il aura réuni assez de résultats d'expériences pour lui permettre d'en dégager des principes.

L'étude complète de chaque groupe de machines comprendra : une partie *historique*, une partie *descriptive*, à laquelle s'ajoute le *travail pratique effectué*, et enfin *l'établissement de principes scientifiques*, lesquels, exacts, basés sur des essais précis, auront une valeur permanente, et pourront par suite, s'appliquer aux machines de demain, comme à celles d'aujourd'hui.

Il ne s'agit pas ici d'une compilation plus ou moins réussie de travaux antérieurs, mais de recherches originales, et de travaux personnels; et c'est pour cela que l'auteur ne veut prendre aucun engagement, et qu'il entend décliner d'avance toute responsabilité au sujet de l'ordre de la publication des différents fascicules.

La *Librairie agricole de la Maison rustique* fait de son côté les mêmes réserves; elle n'a, du reste, aucun engagement à prendre puisqu'elle ne demandera aucune souscription, aucun paiement d'avance : elle mettra en vente les fascicules du *Traité des machines agricoles*, au fur et à mesure qu'ils paraîtront, assurée d'ailleurs que le public agricole fera à l'ouvrage si utile et si consciencieux de l'auteur, l'accueil qu'il mérite.

L. BOURGUIGNON,

Directeur de la *Librairie agricole de la Maison rustique.*

MACHINES ET ATELIERS

DE

PRÉPARATION DES ALIMENTS

DU BÉTAIL

PREMIÈRE SECTION

LES BRISE-TOURTEAUX

CHAPITRE PREMIER

DU BROYAGE DES TOURTEAUX

La généralisation, relativement récente de l'emploi des tourteaux, comme matières alimentaires pour le bétail, ou comme engrais, conduisit les mécaniciens à l'invention et à la construction des brise-tourteaux, dont la vulgarisation en Angleterre paraît remonter à 1840-1850 ; à l'exposition universelle de Londres, en 1851 figuraient plusieurs machines (à une ou à deux paires de cylindres) disposées comme les modèles actuels. D'Angleterre, les brise-tourteaux furent introduits dans notre pays une dizaine d'années plus tard.

Nous trouvons dans le *Cours complet d'agriculture*, de L. Vivien, où il n'est pas question de machines à briser les tourteaux :

Les *tourteaux* ou *pains de noix* sont recherchés par les engraisseurs, surtout en Savoie, où ils sont estimés indispensables. On les donne délayés dans l'eau. Pour cela, on brise les tourteaux, on les détrempe dans de l'eau chaude, puis on ajoute de l'eau froide, et on donne en boisson. C'est à tort que cette boisson a été considérée comme étant un moyen de tempérer ou de diminuer l'appétit. Un bon moyen d'employer les tourteaux est de les piler, et d'en saupoudrer les fourrages racines (1).

Le trempage des tourteaux concassés dont il est parlé plus haut peut être rendu facile avec les *appareils à chauffer l'eau* que nous étudierons plus loin.

---

(1) *Cours complet d'agriculture*, 1836, t. X.

Dans le même ouvrage, à l'article *Nourriture des bestiaux*, il est dit :

Le tourteau de noix s'appelle *nougat* et *trouille* dans le Lyonnais ; dans l'ouest on appelle aussi nougats les tourteaux de lin. On doit les conserver dans un lieu sec et aéré pour éviter qu'ils ne moisissent. On les donne, après les avoir délayés dans de l'eau froide ou chaude, seuls ou mêlés à d'autres aliments, tels que choux, pommes de terre, raves, etc.; c'est sous forme de soupes qu'ils conviennent le mieux. En Flandre, on les présente aux vaches sous forme de boissons épaissies, ou *buvées*, en les délayant dans l'eau avec de la drèche. Comme ce mélange est prompt à s'altérer, on le prépare quelques heures avant de le donner. On le fait prendre froid où tiède.

En 1851 (1) on considérait que « *l'introduction des tourteaux et même des graines oléagineuses intactes dans l'alimentation des animaux, a rendu l'engraissement du bétail une opération méthodique en Angleterre, en Belgique et dans le nord de la France* ». On se basait sur les données de Gronier (du *Cours complet d'agriculture* de L. Vivien, précité), et les tourteaux devaient être délayés dans de l'eau tiède et mêlés à d'autres aliments, comme il a été dit plus haut.

Les textes précités, qui ne font pas mention de brise-tourteaux, indiquent que le concassage avait lieu à la main, à l'aide d'instruments contondants (marteaux, maillets, masses, etc.); on utilisait alors une faible quantité de tourteaux dont la préparation journalière pouvait s'effectuer à l'aide d'outils à main.

Au sujet des tourteaux destinés à l'alimentation, M. A.-Ch. Girard dit (2) :

Le tourteau est un aliment excellent auquel les animaux s'habituent sans aucune difficulté. On le donne soit à l'état pur après concassage et pulvérisation, soit mélangé avec des farines, des racines ou des tubercules, quelquefois aussi en buvées; mais dans ce cas, il est indispensable de les préparer à froid et au moment de la distribution. Il

faut avoir grand soin de bien nettoyer les auges, afin d'éviter le développement de moisissures et de microbes, qui peuvent être une cause de danger pour le bétail. Avec cette seule précaution, on peut sans crainte employer le tourteau de coton décortiqué. Les accidents qu'on attribue aux tourteaux de coton en général et qui en effet ont été constatés surtout pour les jeunes agneaux de trois à quatre mois, sont imputables soit aux tourteaux de coton cotonneux, soit aux tourteaux de coton bruts ou d'Alexandrie qui souvent proviennent de graines traitées par l'acide sulfurique. Dans le cas où des accidents se produiraient (entérite ou hématurie), il faudrait immédiatement supprimer de la ration le tourteau suspect.

L'emploi des tourteaux à la fumure, disent MM. Muntz et Girard (3), remonte déjà à près d'un siècle, mais il n'a pris un grand développement que depuis un petit nombre d'années, c'est-à-dire depuis l'époque où on a appris à déterminer dans les matières fertilisantes les proportions des éléments réellement utiles.

Les tourteaux sont le plus souvent employés comme nourriture, et c'est toujours le parti le plus avantageux qu'on en peut tirer. Car l'azote employé comme aliment a une valeur bien supérieure à celle qu'on lui attribue comme engrais; de plus, dans les tourteaux, il y a toujours de fortes quantités de substances hydrocarbonées, dont le rôle, au point de vue fertilisant est nul, tandis qu'il est considérable au point de vue alimentaire.

Si nous considérons, par exemple, un tourteau de colza, nous trouvons que, comme engrais, 100 kilogr. ont une valeur de 9 fr. 31; employé dans l'alimentation, il se vend généralement au prix de 13 à 16 fr. et sa valeur alimentaire, calculée d'après sa richesse, est de 17 fr. 95, et dans ce chiffre (qui ne porte que sur les matières grasses hydrocarbonées) n'est pas comprise la valeur de l'acide phosphorique et de la potasse qui reviennent au fumier. Dans le cas actuel, la valeur comme aliment est presque double de celle comme engrais.

Il est un certain nombre de tourteaux qui contiennent des principes vénéneux et qui, par suite, doivent être absolument exclus de l'alimentation, d'autres ne sont pas acceptés par les animaux. C'est dans ces deux catégories qu'il faut surtout chercher les tourteaux pour la fumure des terres. Parmi ceux-ci, citons les tourteaux d'amandes amères, de noyaux, de belladone, de moutarde noire, blanche et sauvage, de pignon d'Inde, de ricin et de pulguère. Les tour-

---

(1) *Journal d'Agricult. pratique 1851*, n° du 5 février, page 89, article : *Examen comparatif des tourteaux de graines oléagineuses*, par MM. E. Soubeiran, professeur à l'École spéciale de pharmacie de Paris, et J. Girardin, professeur à l'École municipale de Rouen, correspondant de l'Institut.
(2). *Journal d'agriculture pratique*, 1894, t. II, p. 619.

(3) *Les Engrais*, t. I, page 508.

teaux de béraf, de mafouraire, de courge, de madia, de niger, de ravison, de toulouconna, de tournesol, peuvent entrer dans l'alimentation; mais le plus souvent on les emploie comme engrais.

Les tourteaux de sésame noirs et d'arachides en coques sont rarement donnés au bétail, à cause de leur goût désagréable.

Le mode de fabrication de l'huile influe beaucoup sur les qualités des tourteaux; ainsi pour les mêmes graines, les produits obtenus par l'expression pourront être comestibles, alors que ceux qui auraient subi des procédés d'extraction chimique (par le sulfure de carbone ou la benzine) ne le seraient plus.

Il arrive aussi que les tourteaux qui étaient comestibles cessent de l'être au bout d'un certain temps; il s'y produit des altérations qui les font accepter difficilement par les animaux et qui peuvent occasionner une véritable intoxication. Ces altérations paraissent dues à l'action de ferments ou de moisissures.

Tous les tourteaux de *repasse* (traités au sulfure de carbone ou à la benzine), qui ordinairement se présentent en poudre fine, sont exclus de l'alimentation et reviennent au sol comme engrais.

Les tourteaux employés comme engrais sont souvent achetés en poudre afin de supprimer le concassage à la ferme, mais il y a lieu de craindre la fraude par addition de matières inertes.

Le concassage des tourteaux d'engrais, suivi d'une mouture grosse est toujours une opération coûteuse (1); aussi on peut se borner à un gros concassage, et les morceaux sont mis à tremper et à fermenter pendant quelque temps dans l'eau ou dans du purin; il se produit une fermentation putride qui rend les éléments de l'engrais plus assimilables (sels ammoniacaux et autres combinaisons azotées solubles).

Les tourteaux, ajoutent MM. Müntz et Girard, ameublissent les terres fortes et donnent de la consistance aux terres légères. Dans les départements du Nord, on emploie de 1,000 à 1,500 kilogr. à l'hectare, pour les cultures de blé, et de 2,000 à 2,500 kilogr.

pour les betteraves. Dans le Midi, les tourteaux sont employés principalement pour la vigne, et en proportion éminemment variable, on en met jusqu'à 200 grammes par pied. Leur action se fait rapidement sentir.

Les tourteaux se présentent sous des formes et des dimensions variables qui dépendent des presses employées dans différentes usines pour l'extraction de l'huile.

En général, les tourteaux sont des plaques rectangulaires ou trapéziformes, dont l'épaisseur ne dépasse pas 3 centimètres; les deux grandes faces sont souvent garnies de stries ou de cannelures imprimées par les plaques métalliques qui séparent (dans la presse) les étreindelles, sacs ou couffins garnis de graines, afin de faciliter l'écoulement de l'huile.

Pour fixer les idées à ce sujet, nous donnons, dans un tableau, page 4, les indications relatives à 13 tourteaux différents, qui nous ont servi dans nos récentes expériences entreprises à l'École de Grignon sur le travail des brise-tourteaux; nous ajoutons dans l'avant-dernière colonne la richesse en protéine d'après les analyses de M. Gay, répétiteur de zootechnie à l'École, et nous donnons, à titre de renseignement, le prix du kilogr. de protéine, basé sur le prix d'acquisition des tourteaux, sans tenir compte de leur richesse en matières hydrocarbonées et grasses. (Voir le tableau page 4.)

Les tourteaux employés dans l'alimentation du bétail doivent être concassés en fragments de la grosseur d'une noisette, et dans cette opération, il faut éviter autant que possible la production de la farine, qui peut exciter les animaux à tousser. Certains tourteaux peuvent être trempés à l'eau chaude ou bouillante.

Au contraire, les tourteaux destinés à être employés comme matières fertilisantes doivent être réduits en poudre, afin d'en faciliter l'épandage et d'en régulariser la distribution. Dans ce cas, le *concassage*, donné par les brise-tourteaux, est insuffisant, il faut avoir recours à un *broyage*, presque une *mouture*, obtenue à l'aide de moulins (à meules métalliques), dans lesquels on fait passer le produit du brise-tourteaux. Mais il y a lieu de remarquer que cette opération ne se pratique que très rarement dans les exploitations rurales : c'est un travail industriel.

---

(1) Il est donc recommandable de ne pas chercher à faire à la ferme cette opération que les usines effectuent dans des conditions bien plus économiques; on doit acheter ces tourteaux pulvérisés sur certificat d'analyse délivré par une station agronomique, et au besoin demander contre la fraude l'application de la loi du 4 février 1888 et du décret du 10 mars 1889.

TOURTEAUX

DÉSIGNATION ET COLORATION	Provenances.	Formes.	Dimensions.			Poids moyen d'un tourteau.	Densité moyenne.	Richesse en protéine p. 100.	Prix aux 100 kil.	Prix du kilogr. de protéine.
			Long.	Larg.	Épaisseur.					
1. Sésame (gris jaunâtre clair)...........	?	trapèze	0.42	{ 0.15 0.185	0.017	1ᵏ060	1.13	41.67	fr. c. 16.30	fr. c. 0.390
2. Cocotier (gris jaunâtre).............	Ceylan.	cercle	2 R = 0.38		0.020	1.810	0.91	20.55	19.00	0.934
3. Coprah roux (gris jaunâtre)..........	Singapoor.	rectangle	0.38	0.36	0.020	2.050	0.93	24.50	17.50	0.714
4. Lin de pays (brun).................	France.	trapèze	0.54	{ 0.19 0.23	0.023	2.500	1.23	31.18	22.00	0.705
5. Coton d'Egypte (jaune)...............	Egypte.	trapèze	0.60	{ 0.17 0.21	0.024	2.606	1.19	25.00	16.00	0.640
6. Colza du pays (gris jaunâtre).........	France.	trapèze	0.58	{ 0.16 0.19	0.021	2.363	1.20	34.68	16.50	0.475
7. Coton d'Egypte, marque Sphinx (jaune).	Egypte.	rectangle	0.76	0.32	0.023	5.600	1.31	25.00	16.00	0.640
8. Arachide décortiquée (gris-brun clair).	Bombay.	trapèze	0.60	{ 0.47 0.21	0.022	2.760	1.28	47.71	16.50	0.345
9. Niger (noir) (1)...................	Afrique.	rectangle	0.65	0.28	0.023	4.360	1.27	38.75	14.50	0.374
10. OEillette blanche (blanc jaunâtre)......	Smyrne.	trapèze	0.65	{ 0.20 0.25	0.028	3.903	1.21	37.75	15.00	0.397
11. Coton d'Amérique (jaune).............	Amérique.	trapèze	0.72	{ 0.19 0.23	0.025	3.780	1.29	43.75	18.00	0.411
12. Lin d'Espagne (brun foncé)	Espagne.	rectangle	0.75	0.31	0.021	3.950	1.31	34.37	18.25	0.530
13. Soja (2) (gris jaunâtre).............	Shanghaï.	cercle	2 R = 0.58		0.100	28.000	1.22	46.87	(don.)	»

(1) Formé de graines du *Guizotia oléifera* (De Candolle).
(2) NOTA. — Le soja n'est pas un tourteau industriel; les pains sont formés de graines comprimées afin d'en faciliter l'expédition en vrac.

CHAPITRE II

DESCRIPTION DES BRISE-TOURTEAUX

Des brise-tourteaux étaient construits en 1854, à l'usine de Haine Saint-Pierre (Belgique), et une de ces machines (1) employée à la ferme de Bresles (Oise) a été étudiée et décrite par M. Auguste Jourdier (2). — Le bâti et la trémie étaient en bois comme dans la machine Ransomes, dont nous parlerons plus loin. L'organe actif se composait d'un seul arbre J H (fig. 1-2)

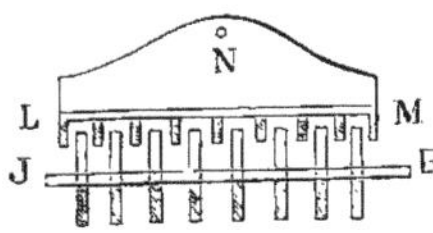

Fig. 1. — Plan de l'arbre d'un ancien brise-tourteaux de Haine Saint-Pierre.

à manivelle et volant, garni de molettes à dents K passant, au bas de la trémie, entre les arêtes fixes L M d'une plaque mo-

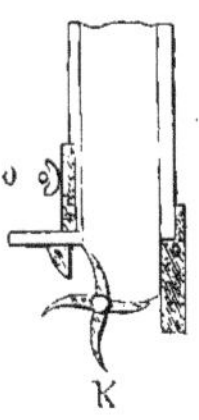

Fig. 2. — Coupe-verticale de l'arbre et de la trémie d'un ancien brise-tourteaux de Haine Saint-Pierre.

bile N, maintenue par une vis à oreilles O.

James Slight et R. Scott Burn dans leur ouvrage sur les machines agricoles (3), mentionnent les brise-tourteaux qui existaient à leur époque, c'est-à-dire

(1) La machine, pesant 80 kilogr., coûtait 50 fr. à Haine Saint-Pierre, mais revenait à un prix plus élevé en France, la douane seule percevait une prime *protectrice* de 80 fr.
(2) *Journal d'Agriculture pratique*, 1854, t. II, page 234.
(3) *The Book of Farm Implements and Machines.* — Edinburgh, 1858.

en 1858, et en particulier la machine Ransomes and Sims, d'Ipswich. Ces machines, dont le principe général peut être représenté par la figure 3, étaient à une seule paire de cylindres aa', placés en dessous d'une trémie en bois A ; d'un côté du bâti, un arbre, avec manivelle m et volant V, actionnait, par un pignon b, une grande roue dentée c, calée sur un des axes a : du côté opposé, cet axe commandait le second axe a' par roues dentées de même diamètre ; une vis d, agissant sur le coussinet a' permettait de régler l'écartement aa' des cylindres et, par suite, la finesse du concassage. Les produits tombaient sur le plan incliné n ; dans beaucoup de modèles, ce plan était plein et ne jouait pas le rôle de crible.

La machine Ransomes, précitée, avait les dimensions principales suivantes :

Pignon b, diamètre	$0^m,08$
Roue c, —	$0^m,272$
Rapport $\dfrac{c}{b}$	3.4
Cylindres a, a', diamètre moyen	0.08
Diamètre des arbres a, a'	0.03
Trémie A { écartement des planches..	0.03
hauteur des planches	0.15

Dans les anciennes machines, les dents n'étaient pas alternées. Nous possédons, dans notre collection de Grignon, un de ces modèles, à dents inclinées d (fig. 4); cette disposition est mauvaise pour deux motifs :

a. — Les dents, non alternées, n'ont pas de préhension suffisante sur les tourteaux durs ou moyennement durs, et comme leur intervalle ne peut se nettoyer pendant le travail, les cylindres s'engorgent facilement avec les tourteaux tendres.

b. — Comme toutes les dents sont placées sur les mêmes génératrices des cylindres, il s'en suit que le travail mécanique à dépenser ne se produit que sur un petit nombre de points par tour de manivelle, et la machine exige périodique·ment des efforts considérables de la part du moteur.

En effet, pour un tour de cylindre C, (fig. 4) la machine doit concasser une longueur déterminée de tourteau et, par suite, un certain poids P qui exige un travail mécanique T.

Prenons deux machines de mêmes dimensions, travaillant le même tourteau et ayant le même nombre de dents par cylindre ; pour celle dont les dents sont situées sur les mêmes génératrices (en nombre n), il faudra développer pour $\frac{1}{n}$ de tour un effort E de :

$$E = f\left(\frac{T}{n}\right) \qquad (1)$$

pour celle dont les dents sont alternées, sur $2\,n$ génératrices, l'effort E′ à dépenser par $\frac{1}{n}$ de tour sera :

$$E' = f\left(\frac{T}{2\,n}\right) \qquad (2)$$

C'est-à-dire, que pour le même travail pratique effectué, l'effort E′ à développer, d'une façon périodique, à la seconde machine sera la moitié de celui E nécessité par la première.

Ces deux raisons a et b montrent qu'il y a lieu de rejeter cette disposition des organes de concassage.

Dans certaines machines de 1867 on cherchait à découper le tourteau en tranches parallèles au petit côté, puis à concasser ces tranches ; Coleman et Morton avaient, dans ce but, combiné un brise-tourteau représenté par la figure 5. Le tourteau engagé dans la trémie c était coupé par le couteau e horizontal, animé de mouvements alternatifs, donnés par l'excentrique d (fig. 6) calé sur l'axe du volant-manivelle a ; chaque tranche passait ensuite à l'action d'un cylindre garni de dents, commandé par l'engrenage f ; le concassage s'effectuait contre une plaque légèrement concave, garnie de dents, qu'on pouvait écarter plus ou moins du cylindre suivant la grosseur qu'on voulait donner aux fragments ; comme dans les machines actuelles, le produit tombait sur une grille g, maintenue dans le bâti b de la machine.

Le système précédent, à couteau, était surtout recommandé pour les tourteaux épais.

L'ancienne machine de Bentall (de Heybridge), comprenait, en dessous de la trémie d'alimentation A (fig. 7 et 8) deux cylindres dentés B ; le concassage fourni par ces cylindres était achevé par le rouleau D garni de dents, contre la contreplaque C ; suivant les tourteaux, on les faisait passer par la trémie A, les cylindres B et le broyeur D, ou bien on les envoyait directement à ce rouleau broyeur par l'ouverture latérale E, d'où ils glissaient sur la plaque a. Les vitesses des axes D et B étaient environ dans le rapport de 1 à 5. Ces machines à contreplaque, qui présentent une grande analogie avec les broyeurs de grains, sont aujourd'hui abandonnées, par suite de leur travail irrégulier et de la grande production de farine.

Les machines actuelles (dont on trouvait déjà des spécimens à l'exposition universelle de Londres, en 1851), reposent toutes sur le même principe : les tourteaux sont mis verticalement dans une trémie rectangulaire, passent entre deux cylindres garnis de dents, ou formés de disques étoilés enfilés sur un arbre carré ; dans certaines machines il y a deux paires de cylindres superposées, la dernière devant finir et compléter le travail de la première ; enfin le produit tombe sur un crible incliné destiné à séparer les parties fines du concassage.

L'organe actif des brise-tourteaux actuels est constitué par une ou deux paires de cylindres garnis de dents en forme de pyramides quadrangulaires. Tous les constructeurs établissent ces cylindres par la juxtaposition de disques étoilés, enfilés sur un arbre carré A (fig. 11) ; il y a deux séries de ces disques D et D′ suivant la position n des dents relativement au trou A, de telle sorte que les disques étant placés les uns à côté des autres sur le même arbre A, les dents sont alternées ainsi que le montre le détail représenté en B, (fig. 11), qui est le développement d'une portion de surface d'un des cylindres D D′.

Le chevauchement des dents a pour but de diminuer la grosseur des morceaux concassés, d'obtenir le nettoyage automatique des dents et enfin, comme nous l'avons vu plus haut, de répartir plus uniformément le travail mécanique dépensé, en diminuant, d'une façon correspondante, l'effort maximum périodique à exercer sur la manivelle de la machine.

Ces disques sont bruts de fonte (fonte dure), et le mode de montage employé permet de remplacer facilement une quelconque de ces pièces après usure ou lorsqu'une dent est cassée (introduction accidentelle de pierres dans la machine). L'usure est d'ailleurs très faible, ainsi que

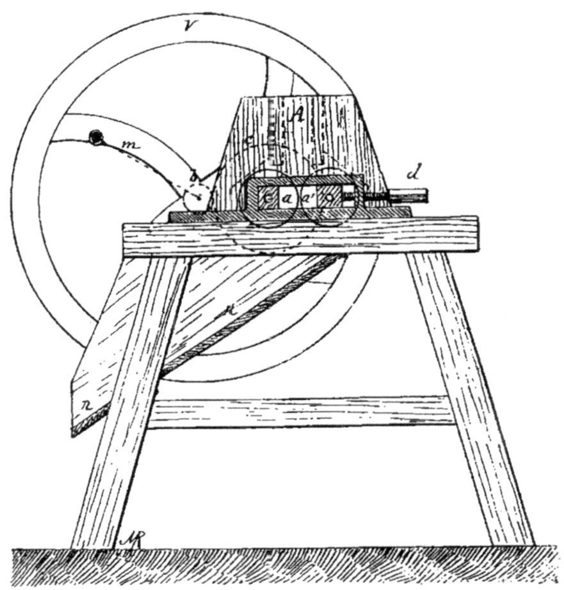

Fig. 3. — Ancien brise-tourteaux de Ransomes.

nous avons pu le constater sur le brise-tourteaux en service depuis 22 ans à la ferme de l'Ecole de Grignon.

Les arbres carrés A (fig. 11) sont terminés à chaque extrémité par des portées cylindriques reposant dans les coussinets, en dehors desquels se trouvent les engrenages de commande. Pour chaque paire

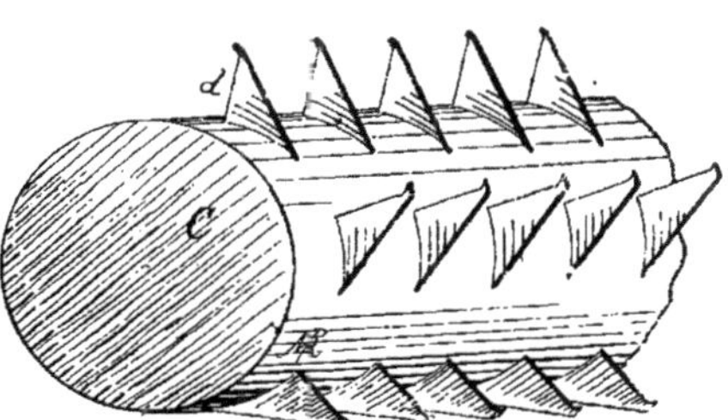

Fig. 4. — Cylindre denté des anciens brise-tourteaux.

de cylindres, les dents de l'un passent dans les intervalles des dents de l'autre, et afin d'assurer la régularité du mouvement, les deux cylindres de chaque paire sont entraînés en sens inverse par des roues dentées de même diamètre.

L'un des axes occupe une position constante dans le bâti de la machine, l'autre peut s'éloigner ou se rapprocher à volonté afin de faire varier la finesse à donner au concassage.

Cet écartement est réglé quelquefois, comme dans les anciens modèles (Berg, de Grand-Jouan (fig. 9 et 10), de chaque côté d'un coussinet B ou C, par une tige filetée D ou F et un contre-écrou; avec ce dispositif on agit consécutivement sur chaque coussinet d'un même arbre (B ou C), et si le réglage n'est pas très bien fait, la machine a du *dur*, exige un supplément inutile de travail mécanique tout en exagérant l'usure des coussinets.

Ce que nous venons d'exposer montre qu'on peut très souvent, en pratique, rejeter une machine comme mauvaise sans se rendre compte que seul le réglage

Fig. 5. — Brise-tourteaux de Coleman et Morton.

est mal fait ; c'est aux mécaniciens à améliorer tous les systèmes de réglage afin de faciliter autant que possible l'emploi des machines.

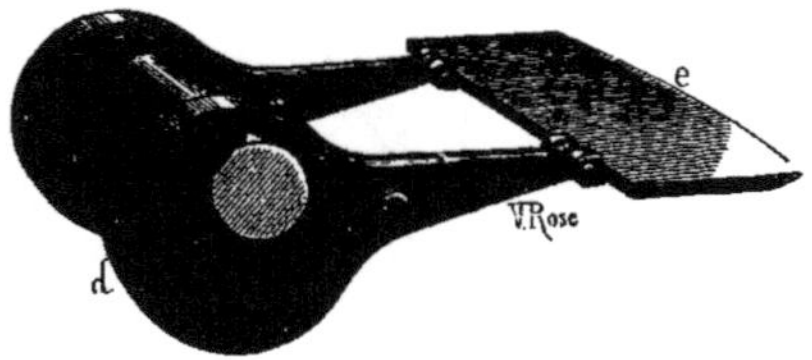

Fig. 6. — Couteau du brise-tourteaux Coleman et Morton.

Dans les bons modèles, le réglage de l'écartement n des cylindres A et B (fig. 12) s'effectue en agissant simultanément sur les deux paliers d'un même arbre B par une poignée p solidaire d'un excentrique E, dont le collier est relié par une tringle t aux coussinets de l'axe B ; ces coussinets peuvent se déplacer dans une coulisse ; des crans maintiennent l'excentrique E dans la position voulue.

La marchandise broyée tombe sur un plan incliné qui joue le rôle de crible ; il est constitué par une grille dont les jours ont environ 8 à 9 millimètres de large, ou par une plaque percée de trous ronds de 8 à 9 millimètres de diamètre. La poussière et les parties trop fines du concassage sont ainsi séparées des morceaux

Fig. 7. — Ancien brise-tourteaux de Bentall.

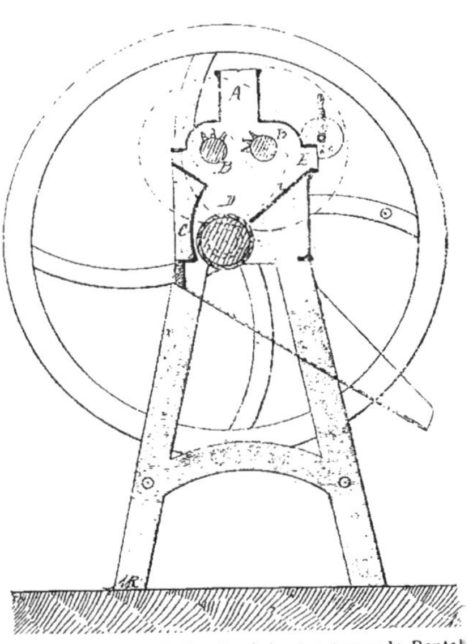

Fig. 8. — Coupe de l'ancien brise-tourteaux de Bental.

Fig. 9. — Brise-tourteaux Berg.

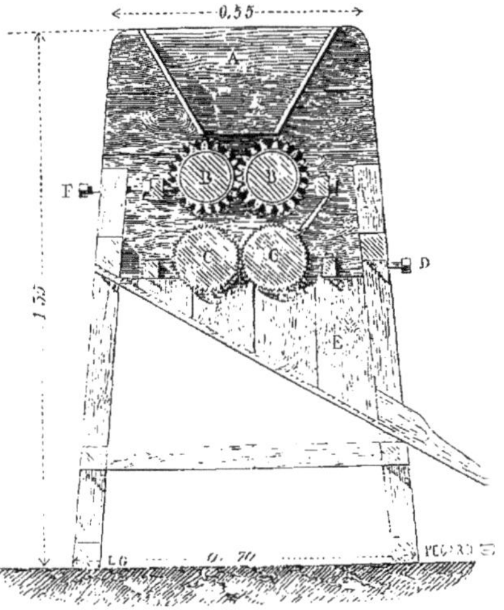

Fig. 10. — Coupe du brise-tourteaux Berg.

qui tombent dans un récipient quelconque en avant du plan incliné.

(Il faut éviter de donner, en nature, au bétail, ces parties fines qui peuvent irriter les organes respiratoires; mais on peut très bien les faire consommer sous forme de buvées.)

Les différents engrenages de la transmission sont protégés par des gardes ou enveloppes en fonte fixées sur les côtés du bâti.

Les machines les plus simples ne com-

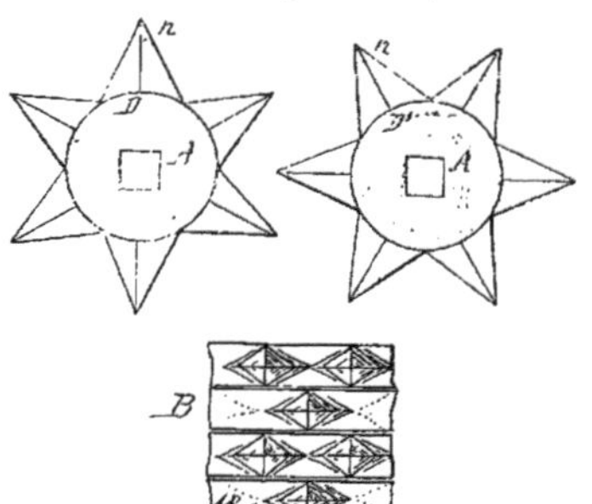

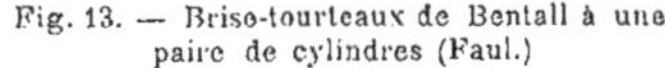

Fig. 11. — Disques dentés des brise-tourteaux.

portent qu'une seule paire de cylindres (fig. 13-14). Les grands modèles sont pourvus de deux paires superposées (fig. 15),

la première garnie de grandes dents, la seconde portant une denture fine ; dans ces machines, certains tourteaux produisent des engorgements à la seconde paire, si l'alimentation ou l'écartement des cylin-

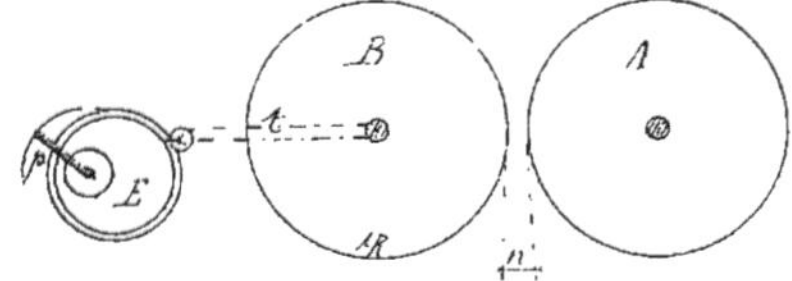

Fig. 12. — Excentrique de réglage de l'écartement des cylindres des brise-tourteaux.

dres ne sont pas bien réglés. D'ailleurs, pour les travaux ordinaires des exploitations rurales, les brise-tourteaux à une seule paire de cylindres, donnent toute satisfaction, et il y a lieu de réserver les fortes machines à deux paires de cylindres pour le travail au moteur ou pour les usages industriels.

Fig. 13. — Brise-tourteaux de Bentall à une paire de cylindres (Faul.)

Fi. 14. — Brise-tourteaux Harrison Mac Gregor à une paire de cylindres (Duncan).

Les brise-tourteaux à manège direct sont assez rarement employés ; dans le Midi, on construit de semblables machines, dont nous donnons, dans la figure 16 (machine Chabert), un type destiné surtout au broyage des tourteaux d'engrais. L'arbre vertical A tourne dans une enveloppe fixe formée par la réunion de deux troncs de cône, l'un supérieur, B,

formant trémie, l'autre inférieur, C, constituant la partie fixe des organes de broyage ; dans la partie C, l'arbre reçoit une noix (indiquée en pointillé) qui surmonte un plateau denté b, lequel agit contre une partie fixe a, cannelée intérieurement. La finesse du produit est réglée par la vis à volant v, dont l'écrou est fixé à une traverse t. L'enveloppe est

Fig. 15. — Grand brise-tourteaux à deux paires de cylindres de Woods et Cocskedge (Pilter).

maintenue à la hauteur voulue par trois pieds D en fer en U ; à la partie supérieure, une arcade n supporte l'arbre, qui reçoit le boîtard d de la flèche F, dont l'extrémité porte une attelle ordinaire de manège en l'air (l'ensemble de la machine ressemble à un malaxeur à mortier à manège direct, les tourteaux sont jetés en B, et le produit broyé tombe à la partie inférieure).

Au manège, les chevaux peuvent broyer par heure de marche (45 minutes de travail) 1,000 kilogr. de tourteaux très tendres, 700 kilogr. de tourteaux moyennement durs, et 500 kilogr. de tourteaux durs.

Pour le broyage des engrais, lorsqu'il s'agit de traiter d'importantes quantités, on peut actionner la machine par une courroie passant sur la poulie P, fixée sur un axe horizontal m, maintenu par deux paliers reliés à l'arcade n ; la trans-

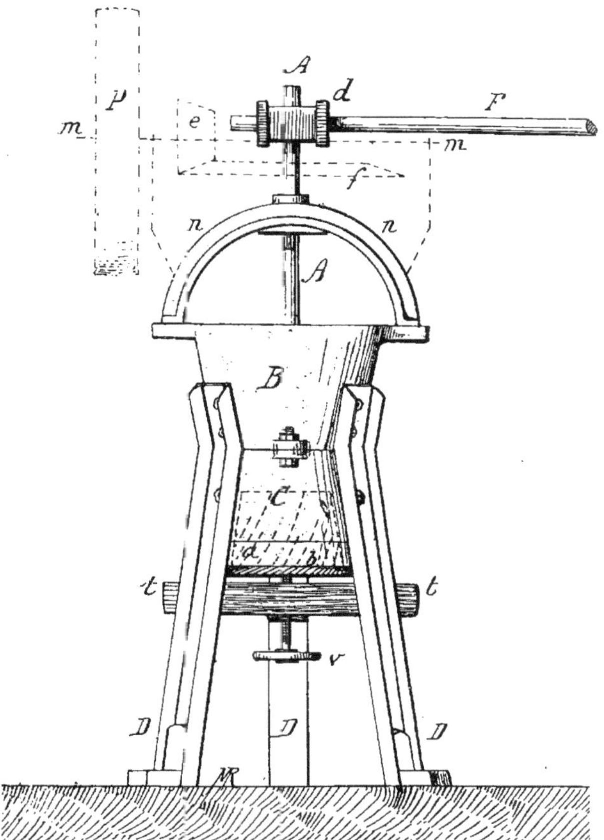

Fig. 16. — Brise-tourteaux à manège direct (Chabert.)

mission du mouvement se fait par les engrenages d'angle *e f*.

On avait proposé, en 1860, d'employer pour le travail des tourteaux des machine à manège direct (machine Hallié, de Bordeaux, *Journ. d'Agr. pratiq.*, 1860, tome II, page 124), analogues à celle représentée par la figure 83, page 88. Nous examinerons plus particulièrement ces machines en faisant l'étude des broyeurs.

Les organes des brise-tourteaux sont utilisés pour d'autres travaux, comme, par exemple, pour le concassage des os verts ou calcinés, des biscuits avariés, etc.; à l'importante usine Joudrain et Cie, d'Ivry, de fortes machines à deux cylindres, de 0^m,30 de diamètre environ, pourvus de dents inclinées (analogues à celles de la figure 4), servent à broyer, en un seul passage, les têtes entières de chevaux ou de bœufs, et des gros morceaux de carcasses d'animaux ; dans ces puissantes machines, un lourd volant est calé sur l'arbre de commande (3 chevaux-vapeur environ); le produit tombe sur un élévateur formé d'une toile sans fin inclinée qui le déverse dans le coffre d'une brouette. On emploie aussi industriellement des machines analogues pour le concassage des matières diverses qui rentrent dans la confection des *provendes*, etc.

CHAPITRE III

TRAVAIL DES BRISE-TOURTEAUX [1]

Les seuls chiffres que nous possédions sur le travail mécanique exigé par les brise-tourteaux proviennent des essais effectués en 1870 par la Société royale d'agriculture d'Angleterre, lors du concours d'Oxford.

Les résultats des essais anglais sont indiqués ci-dessous :

1° Machines mues à bras.

Machines.	Temps employé pour briser		Travail mécanique dépensé pour briser 1 kil. de tourteaux.
	25 kil. de tourteaux.	100 kil. de tourteaux.	
	minutes secondes	minutes secondes	kilogrammètres
Amies et Barford....................	4' 52"	19' 28"	34k5
Corbett...........................	4' 20"	17' 20"	34.5
Mellard...........................	4' 25"	17' 40"	37.3

2° Machines mues par moteur.

Machines.	Temps employé pour broyer				Travail mécanique nécessité pour briser 1 kil. de tourteaux.	Puissance nécessaire en chevaux-vapeur.
	50 kil. de tourteaux		100 kil. de tourteaux			
	minces.	épais.	minces.	épais.		
	min. sec.	min. sec.	min. sec.	min. sec.	kilogrammètres	
Turner...... {	1' 20"	»	2' 40"	»	119.8	0c99
	»	1' 11"	»	2' 22"	151.8	1.42
Amies {	2' 10"	»	4' 20"	»	125.8	0.64
et Barford. {	»	2' 8"	»	4' 16"	145.8	0.75
Huot {	2' 35"	»	5' 10"	»	159.8	0.68
et Pickering. {	»	1' 55"	»	3' 50"	221.7	1.28

Comme on le voit, ces essais ont porté sur 25 kilogr. ou sur 50 kilogr. de tourteaux (suivant les machines); dans la catégorie des brise-tourteaux à moteur on constate bien l'influence de l'augmentation de l'épaisseur des tourteaux à briser sur le travail nécessité par cette opération, mais nous n'avons pas de documents sur les dimensions et sur la nature des tourteaux qui ont servi aux expériences.

En tous cas, les tourteaux employés avec les machines à bras devaient être très tendres, car nous ne pouvons admettre que la préparation de la même marchandise exige dans les machines à moteur trois fois plus de travail mécanique que dans les machines à bras, comme cela semble résulter, à première vue, des expériences d'Oxford.

Parmi les lacunes qu'on trouve en étudiant les expériences anglaises, il y en a une qui nous semble importante : c'est la finesse du broyage. On conçoit fort bien, qu'avec le même tourteau et la même machine, on dépensera d'autant plus de travail mécanique que l'on débitera plus de morceaux dans le même poids de marchandise.

D'après le professeur Pérels, un brise-tourteaux mû et desservi par deux ou trois hommes peut briser par heure, en gros fragments (pour bêtes bovines) 200 à 250 kilogr. de tourteaux à l'heure ; et 150 kilogr. dans le même temps, en petits fragments (pour les ovins).

Pour déterminer toutes les fonctions des brise-tourteaux, j'ai entrepris, en 1894, avec l'aide de mon répétiteur, M. J. Danguy, des essais spéciaux à l'Ecole nationale d'agriculture de Grignon ; après plusieurs recherches préliminaires sur différents modèles, je me suis arrêté à deux machines, prises comme types, l'une à bras à une seule paire de cylindres (de Harrison Mac Gregor), l'autre au moteur, pourvue de deux paires de cylindres superposées (de Nicholson). Les expériences ont porté sur 13 tourteaux divers, de différentes provenances, dont les données principales (formes et dimensions, poids, densité, etc.) ont été indiquées dans le tableau général qui figure dans le chapitre premier, page 4 ; on a brisé 200 kil. de chacun de ces tourteaux.

Au sujet des tourteaux expérimentés, nous donnons ci-dessous quelques observations générales.

Sésame.

Tourteaux très tendres : empâtent légèrement les dents des cylindres.

Cocotier. — Coprah roux.

Tourteaux friables mais élastiques ; empâtent les dents des cylindres ; les morceaux brisés sont souvent laminés.

Lin de pays. — Coton d'Egypte. — Colza du pays.

Tourteaux friables relativement tendres.

Coton d'Egypte (marque Sphinx). — Arachide.

Tourteaux durs.

Niger. — Œillette blanche.

Tourteaux très durs, secs et cassants : il faut appuyer le tourteau dans la trémie afin de le faire mordre : avec la machine à deux paires de cylindres, le travail est trop exagéré pour deux hommes à la manivelle.

Coton d'Amérique.

Tourteaux durs ; travail incomplet des cylindres inférieurs de la machine Nicholson.

Lin d'Espagne.

Tourteaux secs et cassants.

Soja.

A part le travail dépensé par la machine, il faut préalablement briser à coups de masse ces tourteaux trop épais ; empâtent les cylindres ; le travail des cylindres inférieurs de la machine Nicholson est souvent imparfait.

Nous avons cherché à nous rendre compte du travail dépensé dans le broyage à bras : dans cette opération les tourteaux sont placés dans un récipient quelconque, et l'ouvrier les brise en les frappant à coups de masse, d'un poids P, élevée à une hauteur H ; si n est le nombre de coups nécessaires pour briser un kilog en morceaux d'une dimension déterminée, le travail mécanique est représenté par :

$$n\,\mathrm{PH}.$$

C'est ce que nous avons réalisé dans nos essais de Grignon, en opérant sur un poids d'environ 0 kil. 200 de tourteaux ; le poids tombait d'une hauteur connue, on comptait le nombre de chutes ; enfin on déterminait le travail pratique en passant le produit au crible, qui nous servait aux essais des machines, et en notant le poids et le volume des morceaux obtenus.

Les résultats de ces essais sont indiqués dans le tableau ci-dessous :

	Produits obtenus					
Tourteaux.	P. 100 en poids.		Sur le crible (100 morceaux).		Travail mécanique pour briser 1 kil.	Observations.
	Sur le crible.	Sous le crible.	Poids.	Volume.		
			grammes	cent. cubes	kilogrammètres	
Sésame............	70	30	230	203	47.25	Tendres.
Cocotier..........	70	30	190	209	70	Epais, élastiques et peu
Coprah roux......	70	30	190	204	192.50	cassants.
Lin de pays.......	65	35	232	183	71.75	Friables.
Coton d'Egypte....	61	39	220	184	84	»
Colza du pays.....	68	32	240	200	98	»
Arachide..........	72.5	27.5	250	195	154	»
Niger.............	72.5	27.5	250	196	437.50	Se brise en feuillets.
Œillette blanche...	76	24	244	201	166.25	Secs et cassants.
Coton d'Amérique.	80	20	290	224	227.50	»
Lin d'Espagne.....	78	22	284	216	175	Secs et cassants.
Moyennes générales	71.18	28.81	238.1	201	156.70	

Nous verrons tout à l'heure que pour beaucoup de ces tourteaux, le travail mécanique exigé par les machines est plus faible que celui indiqué ci-dessus pour le travail à bras, quoique pourtant les machines soient évidemment obligées de prélever un supplément de puissance représenté par les résistances passives de leur mécanisme.

Cela tient à ce que beaucoup de tourteaux sont doués d'une certaine élasticité ; ces tourteaux ne résistent pas (ou résistent moins) à l'action des dents des cylindres des machines, mais ils rebondissent sous l'action des chocs en diminuant l'effet utile de chacun d'eux.

Sans insister plus longuement sur ces premiers essais, tout en faisant remarquer que le volume des morceaux brisés à la main est plus grand que celui obtenu dans le travail à la machine, nous pouvons conclure qu'en général pour briser un même poids de tourteaux, l'opération faite à bras à l'aide d'une masse, exige plus de travail mécanique qu'avec un brise-tourteaux.

Le tableau suivant résume les résultats des expériences faites avec les machines Harrison et Nicholson.

Travail pratique effectué.

TOURTEAUX	Pour briser 100 kilogrammes.		Produits obtenus p. 100 en poids.		Poids d'un décimètre cube de produit (grammes).		Produits obtenus sur le crible (100 morceaux).		Effort moyen sur la manivelle (de 0.353 de Rayon (kilogr.).	Travail mécanique dépensé pour briser 1 kilogr. (kilogrammèt.
	Nombre de tours à la manivelle.	Temps utile nécessité à raison de 34 tours par minute (1).	Sur le crible.	Sous le crible.	Sur le crible.	Sous le crible.	Poids en gramm.	Volume en centim. cubes.		
I. — MACHINE HARRISON MAC-GREGOR (A UNE PAIRE DE CYLINDRES).										
Sésame	1823	53.6	65.44	34.56	565	562	150	132.7	2k35	94.25
Cocotier	2258	66.4	43.48	53.52	406	419	46	50.5	2.4	119.22
Coprah roux	1908	56.0	72.34	27.66	359	419	171	183.8	2.3	96.54
Lin de pays	1242	36.5	64.94	35.06	543	549	126	102.4	3.4	91.96
Coton d'Egypte	1337	39.0	56.98	43.02	593	571	126	105.8	3.0	88.24
Colza du pays	1616	48.7	69.54	30.46	617	591	110	91.6	2.4	85.33
Coton d'Egypte (marque Sphynx)	1383	40.6	78.04	21.96	470	443	142	108.4	5.2	158.21
Arachide	1754	51.5	78.34	21.66	637	763	141	110.0	3.6	138.92
Niger	1866	54.8	78.74	21.26	500	488	125	90.5	8.4	344.84
OEillette blanche	2268	66.7	78.74	21.26	561	604	84	69.4	8.4	419.13
Coton d'Amérique	2133	62.4	77.18	22.82	593	562	193	150.0	»	»
Lin d'Espagne	2566	75.4	76.18	23.82	600	577	176	134.0	»	»
Soja	3457	101.6	87.20	12.80	500	475	170	139.3	»	»
Moyennes génér.	1970	57.9	71.32	23.68	534	540	135	112.9	4.14	163.65
II. — MACHINE NICHOLSON (A DEUX PAIRES DE CYLINDRES).										
Sésame	810	23.8	52.84	47.16	489	535	129	114.1	3.4	60.51
Cocotier	782	23.0	54.28	45.72	423	425	79	86.8	5.5	94.64
Coprah roux	727	21.3	71.98	28.02	380	360	109	117.2	8.3	132.47
Lin de pays	561	16.5	49.22	50.78	495	525	128	101.6	5.8	71.58
Coton d'Egypte	567	16.6	60.28	40.72	491	499	105	88.2	4.2	52.39
Colza du pays	718	21.1	59.12	40.88	510	560	100	83.3	3.6	88.33
Coton d'Egypte (marque Sphynx)	506	14.8	83.08	16.92	407	430	122	93.1	11.4	126.90
Arachide	672	19.7	72.44	27.56	605	640	139	108.4	7.8	115.14
Niger	699	20.5	78.60	21.40	485	457	182	143.2	8.7	133.79
OEillette blanche	644	18.9	70.68	29.32	537	541	124	102.5	13.4	189.85
Coton d'Amérique	1165	34.2	85.60	14.40	645	580	192	148.8	8.6	220.42
Lin d'Espagne	1058	31.1	78.60	21.40	547	574	187	142.7	9.6	223.45
Soja	1594	46.8	87.40	12.60	470	500	167	136.8	14.0	490.95
Moyennes génér.	808	23.7	69.52	30.48	498	509	135	113	7.41 (2)	105.56 (2)

(1) Le temps est compté en minutes et fractions décimales de minutes.
(2) Pour ces deux moyennes, on n'a pas tenu compte des trois derniers chiffres, afin de rendre le résultat comparable avec les moyennes de la machine Harrison.

Voici les caractéristiques des deux machines employées aux essais :

	à une paire de cylindres (Harrison).	MACHINE à deux paires de cylindres (Nicholson) Cylindres supérieurs.	inférieurs.
Cylindres broyeurs { Diamètre du noyau	0.049	0.059	0.072
Diamètre à l'extrémité des dents (pyramides quadrangulaires)	0.087	0.099	0.104
Diamètre moyen (2 R)................	0.068	0.079	0.088
Développement (2 π R)................	0.213	0.248	0.276
Nombre de tours pour un tour de la manivelle, ou de l'arbre de commande..............	0.192	0.217	1
Crible (espacement entre les barreaux).......	0ᵐ,008	0ᵐ,008	

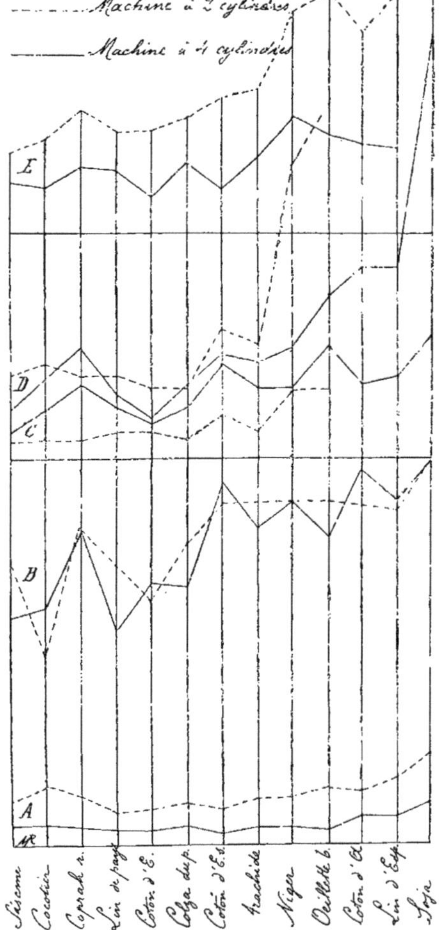

Fig. 17. — Résumé graphique des essais de Grignon sur le travail des brise-tourteaux à 2 et à 4 cylindres.

A. — Temps utile employé pour briser 100 kilogr. de tourteaux (à raison de 34 tours par minute à l'arbre de commande). B. Produits obtenus sur le crible (0/0). — C. Effort moyen sur la manivelle. — D. Travail mécanique total dépensé pour briser 1 kilogr. de tourteaux. — E. Rapports des surfaces utilisées par les cylindres.

La *dureté*, la *compacité d'un tourteau* peut s'évaluer d'après sa *densité*; les tourteaux les plus durs sont les plus denses (voir notre tableau de la page 4).

Le réglage des machines est resté constant dans tous nos essais, pourtant le volume des morceaux débités a varié, dans la machine Harrison (1), de

0ᶜᶜ,5 (cocotier),
1, 5 (coton d'Amérique).
avec une moyenne générale de 1.12.

Pour la machine Nicholson, la variation était de :

0ᶜᶜ,8 (cocotier, coton d'Egypte, colza du pays),
1, 4 (coton d'Amérique),
avec une moyenne générale de 1.13.

En général, avec le même réglage, les morceaux débités par la machine sont d'autant plus volumineux que le tourteau est plus dur, c'est-à-dire plus dense.

Nous avons reporté sur le graphique (fig. 17) les principaux résultats de nos essais, afin de pouvoir mieux suivre à la fois l'influence des tourteaux et celle de la machine.

Le *travail mécanique dépensé par tour* intéresse surtout les machines destinées à être mues à bras d'homme ; à cet égard les machines à une seule paire de cylindres sont les plus recommandables. Il y a lieu de réserver les machines à deux paires de cylindres dans le cas où l'on dispose d'une force motrice autre que celle de l'homme (manège, moteur à vapeur, à pétrole, hydraulique, etc.) ; dans le cas où accidentellement ces machines à quatre cylindres seraient mues à bras, il faudrait compter sur un travail irrégulier.

En moyenne générale, la dépense de

____

(1) En laissant de côté les tourteaux de coprah qui se laminaient au passage des cylindres.

travail mécanique par tour de manivelle ou de la poulie est de :

	kilogrammètres	Rapport.
Machine à 2 cylindres.	9.10	1
— 4 —	16.30	1.79

Le *travail mécanique total* nécessité pour briser un certain poids de tourteaux est plus faible pour les machines à 4 cylindres que pour les machines à 2 cylindres.

C'est-à-dire que pour les mêmes tourteaux, le travail mécanique dépensé est plus faible avec les machines à moteur qu'avec les machines à bras : c'est l'inverse de ce qui semblerait résulter des essais d'Oxford, où, comme nous l'avons dit, les tourteaux ont dû être différents pour les deux genres de machines.

La moyenne générale de nos essais nous permet d'établir le rapport de ces travaux :

	Pour 100 kil.	Rapport.
	kilogrammètres	
Machine à 2 cylindres.	16365	1
— à 4 —	10556	0.64

Le *temps* employé pour passer un certain poids de tourteaux est en raison directe de leur dureté, ou de leur densité ; plus le tourteau est dur, moins les dents mordent à chaque passage, et elles enlèvent un volume total plus faible par tour des cylindres, tout en donnant des morceaux plus volumineux qu'avec des tourteaux tendres.

Pour un même tourteau, le temps est plus faible avec les machines à quatre cylindres qu'avec celles à deux cylindres (c'est l'inverse du travail mécanique dépensé par tour de l'arbre des manivelles ou des poulies).

En moyenne générale, pour briser 100 kilog., il faut :

	Minutes.	Rapport.
Machine à 2 cylindres.	57.9	1
— à 4 —	23.7	0.409

Nous avons vu qu'il faut éviter la production de *farine*, ou le *concassage fin* ; les tourteaux les plus durs sont ceux qui donnent le moins de farine, et par suite de matières passant au travers du crible dont les machines sont munies.

Les machines à bras donnent moins de farine que les machines à moteur, ce qui est dû aux passages entre les deux paires de cylindres : souvent la seconde paire concasse inutilement des morceaux qui seraient très bien acceptés par le bétail.

En moyenne générale, la proportion en poids, de matière passant au travers du crible, est de :

		Rapport.
Machine à 2 cylindres.	28.68 0/0	1
— à 4 —	30.48 »	1.06

Nous résumons dans le tableau ci-dessous les principales conditions de fonctionnement des machines soumises aux expériences.

	Moyennes générales.		Rapports.	
	Machine		Machine	
	à une paire de cylindres.	à deux paires de cylindres.	à une paire de cylindres.	à deux paires de cylindres.
Volume des morceaux débités (centim. cubes)...	1.12	1.13	1	1.00
Travail mécanique dépensé par tour de l'arbre de commande (kilogrammètres)...............	9.10	16.30	1	1.79
Travail mécanique total dépensé pour briser 100 kilogr. (kilogrammètres).................	16365	10556	1	0.64
Temps employé pour briser 100 kilogr. de tourteaux, à raison de 34 tours par minute (minutes et dixièmes)................................	57',9	23',7	1	0.41
Proportion en poids de matière passant au travers du crible (p. 100).......................	28.68	30.48	1	1.06

Pour débiter un volume déterminé, le *nombre de tours* à faire faire aux brise-tourteaux est en raison de la dureté, et par suite de la densité du tourteau considéré. Ce facteur est intéressant à déterminer lorsqu'on cherche le travail pratique que peut effectuer une machine donnée, et nous pouvons établir, à ce point de vue, le coefficient d'utilisation de la façon suivante :

Soient : N, le nombre de tours des cylindres pour débiter un certain poids P de tourteau ;

$2 \pi R$. la longueur développée par le cylindre au rayon moyen (compris entre le rayon du moyeu et celui à l'extrémité des dents);

L', la longueur totale utile d'un tourteau donné pour représenter, sur la largeur de la trémie, le poids P (cette quantité peut s'obtenir par calcul d'après les dimensions des tourteaux et leur poids moyen.)

Pour passer une longueur L', les cy-lindres développent une longueur L représentée par :

$$L = 2 \pi R N$$

et le coefficient K d'utilisation est le rapport :

$$K = \frac{L}{L'}$$

Les tableaux suivants résument les calculs basés sur un poids P de 100 kilogrammes. Pour le brise-tourteaux à quatre cylindres, il ne faut prendre que les longueurs développées par les cylindres supérieurs qui règlent seuls le débit de la machine.

Machine Harrison Mac-Gregor (à une paire de cylindres).

Tourteaux.	Longueur L' de tourteau pour représenter 100 kilogr.	Pour briser 100 kilogr.		
		Nombre de tours des cylindres.	Longueur L développée par les cylindres.	Rapport $K = \frac{L}{L'}$.
Sésame	39.6	350.0	74.5	1.88
Cocotier	41.9	433.5	92.3	2.19
Coprah roux	27.3	366.3	78.0	2.85
Lin de pays	21.6	238.5	50.9	2.35
Coton d'Egypte	23.0	256.7	54.6	2.37
Colza du pays	24.5	310.3	66.0	2.68
Coton d'Egypte (marque Sphinx)	17.8	265.5	56.5	3.16
Arachide	21.7	336.8	71.7	3.30
Niger	14.9	358.2	76.3	5.12
Œillette blanche	16.6	435.5	92.7	5.56
Coton d'Amérique	19.0	409.5	87.2	4.59
Lin d'Espagne	19.0	492.6	104.9	5.52
Soja (a)	»	663.6	141.3	»
Moyenne				3.46

(a) On ne peut évaluer la longueur L' du soja ; les tourteaux circulaires, très épais, devant être préalablement cassés à la masse.

Machine Nicholson (à deux paires de cylindres).

Tourteaux.	Pour broyer 100 kilogrammes.		
	Cylindres supérieurs.		
	Nombre de tours.	Longueur L développée.	Rapport $K = \frac{L}{L'}$.
Sésame	175.7	43.5	1.09
Cocotier	169.6	42.0	1.00
Coprah roux	157.7	39.1	1.43
Lin de pays	121.7	30.1	1.39
Coton d'Egypte	123.0	30.5	1.32
Colza de pays	155.8	38.6	1.67
Coton d'Egypte (marque Sphinx)	109.8	27.2	1.52
Arachide	145.8	36.1	1.66
Niger	151.6	37.6	2.52
Œillette blanche	139.7	34.6	2.08
Coton d'Amérique	252.8	62.7	3.30
Lin d'Espagne	229.5	56.9	3.10
Soja	345.8	85.7	»
Moyenne			1.84

En général, l'utilisation de la surface développée est meilleure dans les machines à 4 cylindres, que dans celles à 2 cylindres; les moyennes sont :

		Rapport.
Machine à 2 cylindres.	K = 3.46	1
— à 4 —	K = 1.84	0.53

En considérant les tourteaux individuellement, on constate que l'utilisation de la surface développée est d'autant plus complète que le tourteau est plus tendre.

Nous pouvons adopter les coefficients K moyens suivants :

	TOURTEAUX	
tendres.	durs.	très durs.
2.3	3.2	5.3
1.3	1.6	2.7

Machine à 2 cylindres ..... (tendres : 2.3, durs : 3.2, très durs : 5.3)
— à 4 — ..... (tendres : 1.3, durs : 1.6, très durs : 2.7)

tendres.	durs.	très durs.
Sésame.	Coton d'Egypte.	Niger.
Cocotier.	Arachide.	OEillette blanche.
Coprah roux.		Coton d'Amérique.
Lin du pays.		Lin d'Espagne.
Colza du pays.		

A l'aide de ces coefficients, on pourra calculer le débit probable d'un brise-tourteaux.

Soit par exemple un tourteau dur, ayant une longueur de $0^m,50$, et un poids de 2 kil. 500; une machine à 2 cylindres dont le développement par tour est de $0^m,22$; les cylindres font 0,2 tour par tour de manivelle.

La longueur L' pour 100 kilogr. est de

$$L' = \frac{0.5 \times 100}{2.5} = 20 \text{ mètres.}$$

Le coefficient K = 3,2 (d'après le tableau précédent).

La longueur L à développer aux cylindres est

$$L = L'. K = 20 \times 3.2 = 64 \text{ mètres.}$$

Le nombre de tours des cylindres pour débiter 100 kilogr. sera de

$$\frac{64}{0.22} = 290.9$$

Le nombre de tours à faire faire aux manivelles sera de

$$\frac{290.9}{0.2} = 1454.5$$

Si la machine travaille à raison de 35 tours par minute à la manivelle, le temps utile nécessité sera de :

$$\frac{1454.5}{35} = 41.5 \text{ minutes.}$$

Et comme on ne peut compter, avec les hommes aux manivelles, que sur un travail de 45 minutes environ par heure, on voit qu'à bras, cette machine ne pourra débiter que 100 kilogr. à l'heure.

En adoptant les notations précédentes, le nombre N, de tours nécessaire aux manivelles ou à la poulie pour briser un poids P de tourteaux, de longueur l (dont la largeur est égale au plus à la longueur de la trémie d'alimentation) d'un poids moyen p; m étant la fraction de tour que font les cylindres par tour de la manivelle ou de l'arbre de la poulie, et $2\pi R$ le développement moyen des cylindres broyeurs, est de :

$$N = \frac{P.\, l.\, K}{2\pi R.\, p.\, m}.$$

Si t est le nombre de tours par minute de la manivelle ou de la poulie, le temps T employé pour briser le poids P a pour expression

$$T = \frac{N}{t} = \frac{P.\, l.\, K}{2\pi R\, p.\, m.\, t}.$$

Le temps total s'obtient en divisant T par 40 ou 45 (chiffre qui correspond au temps du travail utile effectué en une heure).

Enfin pour terminer, recommandons les machines dont la trémie a une longueur de $0^m,35$ à $0^m,38$ afin de pouvoir y faire passer les tourteaux larges sans être obligé de les casser préalablement.

La vitesse à la circonférence des cylindres broyeurs ne doit pas dépasser $0^m,30$ par seconde, sinon les dents ne mordent pas facilement le tourteau qui est usé plutôt que brisé.

D'ailleurs ce chiffre ne saurait être atteint avec les machines à bras, et pour les installations mues par un moteur il est préférable de se tenir en dessous.

La vitesse limite V (nombre de tours par minute de la manivelle ou de la poulie de commande) est donnée par

$$V = \frac{18}{2\pi R\, m},$$

dans laquelle m est la fraction de tour que font les cylindres par tour de la manivelle ou de l'arbre de la poulie, R étant le rayon moyen du cylindre broyeur.

CHAPITRE IV

PRIX DE REVIENT DU TRAVAIL DES BRISE-TOURTEAUX

Il m'a paru intéressant de chercher à évaluer le prix de revient du travail des brise-tourteaux. Certes l'établissement de ces prix de revient est toujours une opération délicate par suite de la variabilité des prix élémentaires, mais il est bon d'effectuer ces calculs dont le principal intérêt est de montrer les prix relatifs des différents travaux.

Travail à bras d'homme. — D'après plusieurs observations, un homme, en travail soutenu (8 heures par jour), peut donner par seconde :

6 kilogrammètres lorsqu'il travaille à la journée,
9 à 10 kilogrammètres lorsqu'il travaille à la tâche.

En une heure, le *temps utile* de travail ne dépasse pas 45 minutes par suite des arrêts divers de la pratique ; la puissance mécanique fournie dans ce temps est de 16,200 kilogrammètres dans le cas du travail à la journée (nous n'avons pas à nous occuper ici du travail à la tâche, la manœuvre du brise-tourteaux se faisant toujours à la journée, en profitant ordinairement du mauvais temps).

En fixant le prix de l'heure de l'ouvrier à 0 fr. 25, et comme il faut deux hommes pour desservir la machine (l'un à l'alimentation, relayant l'autre à la manivelle), le chantier donne 16,200 kilogrammètres pour 0 fr. 50

Travail au moteur. — Dans les grandes exploitations, le brise-tourteaux est mû par la machine motrice, lors des autres travaux (battage, concassage des grains, etc.)

Nous avons vu qu'au concours d'Oxford les brise-tourteaux à moteur exigeaient une puissance moyenne de 0,96 cheval-vapeur (variant de 0,6 à 1,4) ; il faut considérer ces chiffres comme résultant d'un travail de concours.

En admettant qu'un brise-tourteaux mû par un moteur ait une vitesse trois fois plus élevée qu'une machine mue à bras, le travail mécanique absorbé est au plus d'un tiers de cheval-vapeur, représentant par heure 90,000 kilogrammètres.

Pour une *machine à vapeur* (de 8 chevaux) fonctionnant 150 jours par an, les frais journaliers (par cheval-vapeur) sont de 3 fr. 70 (d'après Hervé-Mangon), soit 0 fr. 37 le cheval-heure, ou 0 fr. 12 le tiers de cheval-heure (le prix ci-dessus comprend le temps du chauffeur-mécanicien).

A ces frais il faut ajouter 0 fr. 25 par heure pour le temps de l'ouvrier nécessaire à l'alimentation de la machine. Mais par suite des temps perdus, le brise-tourteaux, tout en tournant pendant une heure, n'aura travaillé utilement que 45 minutes, en absorbant 67,500 kilogrammètres, payés :

	fr. c.
Machine motrice............	0 12
Ouvrier au brise-tourteaux...	0 25
Total.........	0 37

Pour un *moteur à pétrole* (de 4 chevaux), fonctionnant 150 jours par an comme la machine précitée, les frais journaliers par cheval-vapeur, sont de 2 fr. 42 soit 0 fr. 24 par cheval-heure, d'après nos chiffres établis lors des essais du concours international de Meaux (1) ; en ajoutant, comme ci-dessus, le travail de l'homme, on obtient les 67,500 kilogrammètres pour :

	fr. c.
Machine motrice............	0 08
Ouvrier au brise-tourteaux...	0 25
Total.........	0 33

Nous pouvons donc dresser le prix de revient des différents travaux :

(1) Voir *Journal d'Agriculture pratique*, 1894, t. I.

Moteurs.	Prix de l'heure.	Prix de 100,000 kilogrammètres.
	fr. c.	fr. c.
Hommes.........	0 50	3 08
M. à vapeur.....	0 37	0 55
M. à pétrole......	0 33	0 49

Il nous est donc possible de calculer le prix de revient du travail de 100 kilogr. de tourteaux brisés avec différents moteurs. Comme nous connaissons la teneur en protéine de ces tourteaux, nous pouvons également calculer la dépense nécessaire pour briser une quantité de tourteaux équivalente à 100 kilogr. de protéine ; le prix de revient total, qui intéresse la pratique zootechnique, se composera du prix de ce travail, du prix d'achat et des différents frais de transport, de manutention, de magasinage, et, s'il y a lieu, des pertes occasionnées par le transport et le magasinage des tourteaux.

Prix de revient du travail des brise-tourteaux.

POUR BRISER

Tourteaux.	100 kilogrammes de tourteaux.			100 kilogrammes de protéine.		
	Machine à une paire de cylindres.	Machine à deux paires de cylindres.		Machine à une paire de cylindres.	Machine à deux paires de cylindres.	
	Travail à bras (2 hommes).	Travail au moteur		Travail à bras (2 hommes).	Travail au moteur	
		à vapeur.	à pétrole.		à vapeur.	à pétrole.
	fr. c.	fr. c.	fr. c.	fr. c.	fr. c.	fr. c.
Sésame......................	0 290	0 033	0 030	0 69	0 08	0 07
Cocotier....................	0 367	0 052	0 046	1 78	0 25	0 22
Coprah roux..................	0 297	0 074	0 064	1 21	0 30	0 26
Lin du pays......	0 283	0 039	0 036	0 90	0 12	0 11
Coton d'Egypte................	0 271	0 028	0 025	1 08	0 11	0 10
Colza du pays................	0 262	0 048	0 043	0 75	0 13	0 12
Coton d'Egypte (marque Sphinx).	0 487	0 069	0 063	1 90	0 27	0 26
Arachide	0 427	0 063	0 056	0 89	0 13	0 11
Niger.......................	1 062	0 072	0 065	2 74	0 18	0 16
OEillette blanche..............	1 290	0 104	0 093	3 40	0 27	0 24
Coton d'Amérique.............	»	0 121	0 108	»	0 27	0 24
Lin d'Espagne	»	0 122	0 109	»	0 35	0 31
Soja.........................	»	0 270	0 210	»	0 57	0 51

Avec un manège à piste, à un cheval, donnant 40 kilogrammètres utilisables par seconde, avec une durée de 45 minutes de travail à l'heure, on obtient 108,000 kilogrammètres disponibles dans ce temps, et on peut broyer 1,000 kilogr. de tourteaux tendres, 700 kilogr. de tourteaux durs et 500 kilogr. de tourteaux très durs.

En fixant le prix de la journée du cheval à 4 fr., celui de l'homme (qui surveille le cheval et alimente la machine) à 3 fr., l'heure de travail revient à 0 fr. 70, et le prix du broyage est de :

fr. c.
0 07 les 100 kilogr. de tourteaux tendres,
0 10 — — durs,
0 14 — — très durs.

Le prix de revient du travail est évidemment moins élevé avec un brise-tourteaux mû par un moteur à vapeur ou à pétrole. Mais il est à considérer que la quantité de tourteaux manipulée dans une exploitation est relativement faible, de telle sorte qu'on ne doit jamais mettre en train la machine motrice spécialement pour le travail du brise-tourteaux ; l'opération serait désastreuse au point de vue financier, car dans les prix ci-dessus nous avons supposé le moteur fonctionnant 10 heures par jour, pour différentes machines agricoles, afin de ne pas surcharger le brise-tourteaux, des frais de mise en pression de la machine à vapeur.

Si nous avons dressé ce tableau du prix de revient du travail de 100 kilogr., de protéine, à l'aide de chiffres d'application, que chacun pourra d'ailleurs modifier suivant les circonstances, c'est afin de montrer que dans le choix des tourteaux alimentaires, le prix de revient de l'achat de la protéine ne doit pas être seul envisagé et qu'il y a aussi à considérer le prix de revient du travail; dans le cas d'une machine à bras, ce prix peut varier de 0 fr. 0069 à 0 fr. 034 (par kilogr. de protéine) suivant la résistance des tourteaux. Voici d'ailleurs les prix extrêmes pour le travail à bras (par kilogr. de protéine).

	Arachide.	Cocotier.
Prix d'achat (1)..	0.345	0.934
— du travail..	0.0089	0.0178
Prix total.	0.3539	0.9518

Le prix de revient du travail des brise-tourteaux mus par un moteur est très faible; pour les tourteaux très durs, comme le lin d'Espagne, il ne dépasse pas beaucoup 0 fr. 003 par kilogr. de protéine. Par conséquent, dans ce cas de fonctionnement, on peut négliger, dans la pratique, le prix de revient du travail et considérer surtout le prix d'achat de la protéine.

(1) Voir page 4.

Dans les calculs precédents nous n'avons pas fait intervenir les frais fixes représentant l'intérêt, l'amortissement et l'entretien de ces machines, car il faudrait répartir ces frais sur un certain poids de tourteaux brisés annuellement, chiffre bien trop variable, d'une exploitation à l'autre, pour qu'un calcul général puisse offrir de l'intérêt.

En tous cas, l'amortissement peut se répartir sur un grand nombre d'années, les brise-tourteaux, dont la marche est toujours lente, ayant peu d'usure. On peut en juger par l'exemple suivant : à Grignon le brise-tourteaux fonctionne depuis 22 ans, brise annuellement de 6,000 à 8,000 kilogr. de tourteaux. La machine, encore en bon état de fonctionnement, a donc travaillé environ 134,000 kilogr. de tourteaux et la seule réparation importante a consisté dans le remplacement d'une roue dentée, cassée lors d'un déplacement de la machine.

DES APPAREILS A CUIRE LES ALIMENTS DU BÉTAIL

CHAPITRE PREMIER

DE LA CUISSON DES ALIMENTS DU BÉTAIL

En parlant des appareils destinés à la cuisson des aliments du bétail, qui figuraient à l'Exposition universelle de Paris en 1855, M. L.-A. Londet, que nous avions beaucoup connu à Grand-Jouan, disait que : « en Angleterre, en Allemagne, en France, on a reconnu depuis longtemps que la cuisson des aliments, racines, graines ou tiges, augmente sensiblement leurs facultés nutritives. Mais, à vrai dire, peu d'expériences directes ont été faites, et on est à peu près dans l'impossibilité absolue de citer des chiffres. Il en est ainsi malheureusement de beaucoup de questions agricoles qui n'ont pas été étudiées avec assez de précision, et qui, faute de bien connaître la vérité, n'ont pas pris dans la pratique la place que le progrès leur assigne. Dans beaucoup de cas, notamment pour l'engraissement des animaux, nous croyons, néanmoins, que la cuisson des aliments est une méthode rationnelle. »

Il est certainement indispensable d'examiner, avant l'étude d'un groupe d'appareils, si l'emploi de ces derniers est avantageux et dans quelle proportion; il faut en un mot commencer par la justification de l'appareil. Voyons donc rapidement ce que les spécialistes peuvent nous indiquer sur l'utilité de la cuisson des aliments du bétail d'après des recherches que Londet ne pouvait pas citer en 1855.

La pratique de la cuisson des aliments du bétail est connue depuis longtemps dans beaucoup de pays; dans un article important sur *la nourriture des bestiaux* fait en 1837 par Grognier, professeur à l'Ecole vétérinaire de Lyon (dans le *Cours complet d'agriculture* de L. Vivien), l'auteur fait souvent mention des soupes données au bétail; il parle de la cuisson des aliments dans les États de l'Union, en Angleterre et en Allemagne, et ajoute que « dans le canton de Vaud (Suisse), on soumet à la cuisson non seulement du bon foin, mais encore des joncs et des laiches, et même des fanes de pommes de terre, repoussées par le bétail quand elles sont crues »; et plus loin, l'auteur précité ajoute :

« On se sert, pour cette cuisson, de caisses de bois où l'on met le fourrage, et au fond desquelles sont des trous pour l'introduction de la vapeur qui s'exhale d'une chaudière placée en dessous. J'ai vu, en Bresse, des vaches laitières qui donnaient beaucoup de lait, et des bœufs qui avaient été engraissés en peu de temps, la nourriture presque exclusive des uns et des autres, ayant été des pommes de terre cuites à la vapeur dans un tonneau percillé inférieurement et surmontant verticalement une chaudière placée sur un fourneau; et, malgré les frais de combustible et de main-d'œuvre, il m'a été prouvé que, par ce procédé, on obtenait avec grande économie du lait et de la viande. Voici ce procédé qui appartient à M. de la Chapelle de la Rouge, un des meilleurs cultivateurs du département de l'Ain. Une chaudière de lessive est placée sur un fourneau ordinaire et surmontée d'une futaille de la contenance de cinq hectolitres, cerclée en fer et posée debout, le fond étant percillé. Au sommet est un couvercle mobile, percé d'un trou, par lequel s'échappe une partie de la vapeur, et qui sert à introduire une tige en fer pour s'assurer de l'état de cuisson des tubercules. Le tonneau étant rempli, on lute les pièces mobiles avec de la terre glaise, et on allume le feu. L'eau de la chaudière ne tarde pas à bouillir; la vapeur pénètre par les trous du fond de la futaille, et cuit les tubercules; alors on ouvre une porte ou clapet pratiqué à peu de distance du fond du tonneau, et ceux-ci tombent dans un couloir de bois, dans un baquet où une femme les broie et les réduit en pâte qui, après avoir été délayée dans un peu d'eau, est donnée aux bestiaux. Chaque cuite qui est de 28 myriagrammes (560 livres), s'effectue en quatre à cinq heures, et ne coûte que six fagots de pays, valant de 12 à 15 francs le cent. »

C'est-à-dire qu'à cette époque (vers 1837), avec les appareils rudimentaires employés dans le département de l'Ain, il fallait une dépense de 0 fr. 14 à 0 fr. 18 de combustible pour cuire un hectolitre de pommes de terre.

Dans son *Traité de zootechnie*, M. A. Sanson cite trois séries d'expériences :

1° *Expériences de Weber à Molkwitz, faites sur deux vaches d'Allgau.* — La ration fondamentale était composée de :

8 livres allemandes de foin,
30   —   de paille d'avoine,
4   —   de paille de lentilles,
4   —   de tourteaux de navette.

A cette ration on ajoutait des aliments cuits ou crus qui ont seuls varié et on a obtenu les résultats suivants :

Semaines.	Aliments.	Lait de la semaine.	Quantité de lait nécessaire pour obtenir une livre de beurre.	Beurre produit.
1	80 livres de betteraves..............	241 livres.	30 livres.	8 livres.
2	80 — de pommes de terre crues..	274 —	42 —	6.5
3	120 — de betteraves....	280 —	30 —	9 5
4	80 — de pommes de terre cuites.	241 —	27 —	9.0

Il résulte de ces essais qu'avec la même quantité de tubercules, le produit final (beurre) étant représenté par 1 avec l'alimentation aux pommes de terre crues, il sera représenté par 1.38 (soit 1/3 en plus) avec l'aliment cuit.

2° *Expériences de Dudgeon (Angleterre).* — Onze porcs furent nourris pendant neuf semaines avec de la paille de fèves et des pommes de terre crues ou cuites :

Nombre d'animaux.	Nourriture.	Augmentation de poids par tête et en 100 jours
5	Crue.	49 livres.
6	Cuite.	89 —

En employant la même méthode que nous venons d'appliquer, si 1 représente l'augmentation de poids des porcs nourris avec des tubercules crus, le nombre 1.81 représentera celle obtenue avec les mêmes aliments cuits.

3° *Expériences de Walker.* — Jeunes porcs nourris pendant deux mois et demi avec des pommes de terre crues ou cuites et de l'orge concassée :

Nombre d'animaux.	Nourriture.	POIDS		AUGMENTATION DE POIDS	
		initial.	final.	en 90 jours.	par tête et par jour.
5	Crue.	108 livres.	223 livres.	115 livres.	0¹ 256
5	Cuite.	106 —	279 —	173 —	0.384

Ou en d'autres termes, si 1 représente le résultat de l'alimentation aux pommes de terre crues, 1.5 représentera celui obtenu avec la nourriture cuite.

A la séance du 3 mai 1893 de la Société nationale d'agriculture, M. Pluchet a fait une communication sur l'emploi de la pomme de terre cuite dans l'alimentation du bétail; en voici le résumé :

M. Pluchet disposait d'une petite récolte d'un hectare (18,100 kilogr. de Richter's Imperator et 21,000 kilogr. de Bleue géante) estimée à 2 fr. 75 les 100 kilogr. Il utilisa ces tubercules à l'alimentation des bœufs.

Le 13 janvier, douze bœufs de travail destinés à l'engraissement furent divisés en deux lots aussi homogènes que possible, mis dans la même étable, soignés par le même bouvier.

Les animaux du premier lot (poids moyen au début, 670 kilogr.) reçurent chacun 80 kilogr. de pulpe de diffusion mélangée de balles de blé et de paillottes de lin, plus 9 kilogr. de pommes de terre cuites.

Les animaux du second lot (poids moyen au début, 659 kilogr.) reçurent la même ration de pulpes et 3 kilogr. de tourteaux d'œillette.

Les bœufs furent vendus dans les premiers jours d'avril et après quatre-vingt-quatre jours d'engraissement, M. Pluchet a constaté une augmentation de 650 grammes par jour pour les animaux du lot n° 1, et de 702 grammes pour les animaux du lot n° 2.

D'après M. Pluchet, le gain en poids a donc été sensiblement le même; il en conclut que 9 kilogr. de pommes de terre cuites ont remplacé sans désavantage 3 kilogr. de tourteaux d'œillette; ces derniers valant 18 fr. les 100 kilogr., la ration de tourteaux revenait à 0 fr. 54. Les 9 kilogr. de pommes de terre étaient donc payés 0 fr. 54, soit 6 fr. les 100 kilogr. ou tout au moins 5 fr. 50 en défalquant les frais, d'ailleurs minimes, de la cuisson; c'est le double de ce qu'il trouvait à les vendre.

Nous avons cité ces constatations qui ne sont pas précisément comparatives entre les mêmes aliments cuits ou crus, mais qui prouvent que la cuisson a eu pour résultat de donner une plus-value aux pommes de terre.

M. H.-V. de Loncey a donné dans le *Journal d'Agriculture pratique* (1893, tome II, page 743) le résumé des opinions qui ont vogue en Angleterre sur l'alimentation des chevaux avec de la nourriture cuite; on voit que chez nos voisins d'outre-Manche la routine tient une large place dans la pratique agricole.

M. de Loncey constate que l'alimentation cuite est donnée pendant les quatre mois d'hiver aux chevaux des exploitations rurales, ainsi qu'à ceux des messageries, et que quelques-uns même sont soumis à ce régime presque toute l'année.

Les aliments cuits sont des pommes de terre, des navets, des fèves, des pois et d'autres grains.

D'après Stewart, chaque cheval reçoit 25 kilogr. de pommes de terre cuites par jour.

Le professeur Low estime que 8 kilogr. de pommes de terre équivalent à 2 kil. 1/2 d'avoine.

D'après von Thaër, 100 litres de pommes de terre peuvent remplacer 50 kilogr. de foin, et Curwen dit que 40 ares de pommes de terre donnent autant de ressources que 1 hectare 60 ares de foin; il donne à chaque cheval, par jour, 9 kil. 1/2 de pommes de terre cuites à la vapeur, additionnées de 1/10ᵉ de paille hachée.

Les navets de Suède (rutabagas) sont donnés cuits; ils doivent bouillir longtemps et, s'ils sont gros, il faut avoir soin de les couper.

L'orge bouillie est donnée principalement aux chevaux de messageries et de trait, mais rarement aux chevaux de vitesse et de chasse, excepté quand ils sont malades.

Le froment cuit est également apprécié en Angleterre; on le fait bouillir avec des féveroles et de la paille hachée et on le donne le soir comme dernier repas; une unique ration par vingt-quatre heures suffit. Ce mélange aigrit vite et infecte promptement les mangeoires; on évite, en conséquence, d'en faire bouillir plus qu'il ne peut en être consommé avant le lendemain matin, en évitant que le blé soit réduit en gelée et en y ajoutant de la paille hachée.

M. Peter Mein, de Glascow, un des plus grands entrepreneurs de messageries de l'Angleterre, à la suite d'une année de sécheresse, analogue à celle de 1893, donnait à ses chevaux 4 kilogr. de paille et 8 kilogr. de grain comprenant trois parties d'avoine et une de féveroles. La paille était hachée, le grain concassé, les féveroles étaient données entières. Pendant les temps froids, on remplaçait une des rations par une égale quantité d'aliments cuits (féveroles, orge, fourrage haché); en général, un des huit repas journaliers était composé d'aliments cuits.

M. de Loncey donne l'opinion de John Stewart sur les aliments cuits. En général, les aliments cuits sont donnés une fois par jour, rarement deux et trois fois; il n'y a pas d'inconvénients lorsqu'il s'agit de chevaux de trait; au contraire, pour les chevaux ayant à faire un service de vitesse, les aliments cuits les font transpirer beaucoup, les fatiguent par là même et leur ôtent une partie de leur vigueur.

Ajoutons que la cuisson semble être surtout avantageuse pour les matières amylacées, dont elle augmente la digestibilité; la cuisson doit donc s'opérer sur les tubercules et les grains et non sur les racines (turneps, rutabagas, betteraves) ou sur les fourrages (paille, foin, balles), au sujet desquels on n'a pas de résultats précis d'expériences.

Au contraire, on possède des données sur l'utilité de la cuisson des tubercules. Les recherches précitées donnent les coefficients suivants d'utilisation :

| Expérimentateurs. | Pommes de terre | | Observations. |
	crues.	cuites.	
Weber......	1	1.38	Production du beurre.
Dudgeon	1	1.81	Engraissement des porcs.
Walker	1	1.5	
A. Girard....	1	1.21	Moutons (1).

(1) Aimé Girard. — Recherches sur l'application de la pomme de terre à l'alimentation du bétail. — B. du Minist. de l'Agr., octobre 1894. — Engraissement du bétail avec les pommes de terre cuites. *Journ. d'Agr. prat.*, 1895, t. I, page 709.

En ce qui concerne les grains, la cuisson est plus utile pour les grains durs que pour les grains tendres : orge, seigle, peut-être les féveroles, les pois, les vesces, etc.; elle semble même nuisible pour certains grains, comme l'avoine, dont elle pourrait altérer le principe excitant.

Enfin la cuisson est indispensable pour certains aliments, comme les marrons d'Inde, par exemple, dont elle modifie la saveur.

En limitant ainsi la cuisson aux tubercules, aux grains, et à quelques autres produits, on peut poser qu'un aliment amylacé peut être considéré comme cuit lorsque toute la fécule qu'il renferme est hydratée, c'est-à-dire transformée en empois.

En résumé, la cuisson de certains aliments est une pratique très recommandable, surtout lorsqu'il y a pénurie de fourrage. C'est ce qui justifie l'étude que nous avons entreprise sur les appareils à cuire les aliments.

Nous examinerons successivement :

Les combustibles et les conditions de combustion;

Les divers appareils;

Les résultats d'expériences.

CHAPITRE II

COMBUSTIBLES ET CONDITIONS DE COMBUSTION

On est souvent obligé d'employer, dans la ferme, un combustible déterminé; quoiqu'on ait rarement le choix entre plusieurs matières, il y a cependant lieu d'examiner rapidement les différents combustibles, d'en déterminer la puissance calorifique, ainsi que les qualités recherchées : densité, cohésion, tenue au feu, production des cendres, etc.

Tous les combustibles contiennent 1° des matières utiles capables, en se combinant, de fournir un dégagement de chaleur; 2° des matières inertes, les unes sans aucune action sur le résultat à obtenir, les autres consommant au contraire inutilement une certaine quantité de chaleur et produisant des cendres. Lorsque le combustible renferme des argiles, leur fusion occasionne la production du mâchefer qui encrasse la grille, obstrue le passage de l'air, ralentit la combustion et fait brûler les barreaux ou les parois du foyer.

Les combustibles sont végétaux (bois), minéraux (houilles, lignites, anthracites, etc.), ou industriels (briquettes, coke); nous ne nous occuperons ici que des combustibles solides, les combustibles liquides (pétroles) ou gazeux (gaz de diverses provenances) n'ayant pas d'applications dans les appareils employés pour la cuisson des aliments du bétail.

Les combustibles qui nous intéressent peuvent encore se classer en :

1° Les bois, charbons de bois, tannée, les tourbes et charbons de tourbe.

2° Les lignites.

3° Les houilles et cokes.

4° Les anthracites.

Les éléments utiles des combustibles sont le *carbone*, dont la puissance calorifique est évaluée, d'après Fabre et Silbermann, à 8,080 calories, et l'*hydrogène* à 34,460 calories.

Ainsi, d'après Dulong, la puissance calorifique P d'un combustible (c'est-à-dire le nombre de calories dégagées par 1 kilogr. de combustible, avec une combustion complète) est donnée par la relation suivante, si C et H représentent respectivement les teneurs en carbone et en hydrogène :

$$P = 8080\,C + 34460\,H$$

Redtenbacher donne comme relation :

$$P = 7050\,C + 34500\,H$$

Souvent, dans les analyses, l'oxygène est évalué comme combiné avec l'hydrogène sous forme d'eau de constitution; le rapport étant de 8 d'oxygène pour 1 d'hydrogène, la formule précédente devient dans ce cas :

$$P = 7050\,C + 34500\left(H - \frac{1}{8}O\right)$$

Mais les combustibles contiennent toujours une certaine quantité d'eau E dont la vaporisation absorbe inutilement une certaine quantité de chaleur, de sorte qu'en adoptant les coefficients de Fabre et Silbermann on a :

$$P = 8080\,C + 34460\left(H - \frac{O}{8}\right) - 606\,E$$

et ceux de Redtenbacher :

$$P = 7050\,C + 34500\left(H - \frac{O}{8}\right) - 650\,E$$

La composition de différents combustibles est la suivante (d'après le *Traité de chimie technologique et industrielle* de Knapp) :

Composition moyenne de différents bois.

Carbone	49.4
Hydrogène	6.2
Oxygène et azote	43.4
Cendres	1.0

Éléments combustibles des bois.

	BOIS	
	avec 20 0/0 d'eau.	complètement desséché.
Carbone	39.1	48.9
Hydrogène	4.9	6.1
Proportion unie à l'oxygène	$\frac{36}{8} = 4.5$	$\frac{45}{8} = 5.6$
Reste	0.4	0.5
Somme des matières combustibles	39.5 0/0	49.4 0/0

Composition moyenne de différentes espèces de tourbes.

État de la tourbe.	Carbone.	Hydrogène.	Oxygène et azote.	Cendres.	Eau.
Tourbe séchée, privée de cendres (principes combustibles)	59.00	5.84	35.16	»	»
Substance sèche, avec les cendres (principes combustibles)	52.94	5.23	31.55	10.28	»
Tourbe séchée à l'air, avec les cendres	44.54	4.40	26.54	8.64	13.88
Même tourbe (moyennes)	44.50	4.50	26.50	8.50	16.00

Composition moyenne des différentes espèces de lignites.

	Carbone.	Hydrogène.	Oxygène.	Cendres.
Lignites, déduction faite des cendres	66.53	5.58	27.89	»
— avec leurs cendres	60.50	5.08	25.36	9.05
— (moyennes)	60.00	5.00	26.00	9.00

Composition moyenne des houilles et cokes.

	Carbone.	Hydrogène.	Azote.	Oxygène.	Soufre.	Cendres.
Houille, avec les cendres	79.3	4.8	0.8	7.8	1.7	5.35
Houille, déduct. faite des cendres	84.0	5.1	0.8	10.1		»
Houille, composition moyenne	84.0	5.0	1.0	10.0		»
Cokes, composition moyenne	91.0	0.50	»	3.0		5.50

Bois. — Les bois de chauffage se classent en bois neufs, bois flottés et bois écorcés ou pelards (chêne).

La densité des bois intéresse la question du transport. Leur teneur en eau varie avec le temps d'abatage et le mode d'emmagasinage. Les bois renferment :

	Eau.	Moyenne.
A l'abatage	40 à 50 0/0	45 0/0
Après six mois	25 à 30 »	27 »
Après un an	18 à 23 »	20 »
Après un an et demi	15 à 18 »	17 »
Après deux ans	16 à 18 »	17 »

La puissance calorifique des bois desséchés à 140 degrés a été ainsi fixée par M. Chevandier :

1° Bois de quartier.

Nature des bois.	Poids du stère.	Puissance calorifique du stère.	relative.
Chêne (à glands sessiles)	380k	1,614,309	1
Hêtre	380	1,604,800	0.99
Charme	370	1,532,000	0.95
Chêne (à glands pédonculés)	359	1,525,200	0.94
Bouleau	338	1,516,200	0.94
Aune	293	1,312,000	0.81
Sapin	277	1,230,800	0.76
Pin	256	1,140,370	0.70

2° Bois de branches.

Hêtre	304	1,283,800	0.79
Sapin	287	1,275,000	0.79
Pin	281	1,251,580	0.77
Charme	298	1,234,000	0.76
Bouleau	269	1,206,500	0.74
Chêne (sessiles et pédonculés)	277	1,176,600	0.73

En pratique, les chiffres de Chevandier sont trop élevés, car il a opéré sur des bois parfaitement secs, alors qu'il fallait tenir compte de l'humidité qui varie, comme nous l'avons vu plus haut, de 17 à 27 0/0. Ainsi, prenant du chêne contenant 20 0/0 d'eau, nous calculerons la puissance calorifique de la façon suivante, d'après la formule de Redtenbacher :

Matière combustible, 380k	1,614,309
Eau contenue, $380 \times 0{,}2 = 76 \times 650$.	49,400
Différence	1,564,909

Soit une puissance calorifique, par kilogr. de bois, $\dfrac{1,564,909}{456} = 3,432$ calories.

Les effets des bois sont très variables et ne sont pas toujours proportionnels à leur puissance calorifique. Ainsi pour le chauffage de l'eau dans une chaudière, les bois qui donnent le plus de flammes sont les plus avantageux, comme les bois tendres qui brûlent rapidement, tandis que les bois durs se consument lentement en se transformant en charbon de bois; la division, elle-même, influe beaucoup : les fagots et les bois débités menus donnent, toutes choses égales d'ailleurs, une plus grande quantité de chaleur utilisable.

Sous le rapport de l'utilisation pratique au chauffage, Claudel donne le classement suivant :

Sycomore	100
Pin sylvestre	89
Hêtre et frêne	87
Charme	83
Alisier	82
Chêne rouvre	75
Mélèze	72
Orme	
Chêne blanc	70
Bouleau	68
Sapin	63
Acacia	59
Tilleul	55
Tremble	51
Aune	46
Saule	40
Peuplier d'Italie	39

Charbon de bois. — D'après Ebelmen, le charbon de bois contient en moyenne :

Carbone	87.5
Hydrogène	3.0
Oxygène et azote	7.5
Cendres	2.0

Le poids au mètre cube varie de 200 kilogr. (charbon de bois de pin) à 250 kilogr. (chêne et hêtre).

Tourbes. — Puissance calorifique de 1,500 à 3,000 calories par kilogramme de combustible; le dernier chiffre s'applique à une tourbe ayant 25 0/0 d'eau et 8 0/0 de cendres.

Lignites. — D'après Scheurer-Kestner et Meunier, avec 10 0/0 de cendres et 8 à 10 0/0 d'eau, les lignites ont une puissance calorifique de 5,500 calories environ par kilogramme de combustible; ce chiffre peut s'élever à 6,000 pour des lignites bitumineuses.

Houilles. — Pour les houilles, Buchetti donne les puissances calorifiques suivantes :

Calories dégagées par la combustion de 1 kilogr. de houille.

Sèches à longue flamme	7,000
Grasses à longue flamme	7,400
Maréchale	7,700
Grasse, à courte flamme	8,060
Anthraciteuse	7,800
Anthracite	7,000

Enfin, Redtenbacher indique le tableau général de la puissance calorifique des différents combustibles :

Désignation des combustibles.	Puissance calorifique.	Observations.
Charbon de bois sec	7,050	Toute espèce de bois.
— — ordinaire	6,000	Contenant 20 0/0 d'eau.
Coke pur	7,050	
Houille 1re qualité	7,050	Avec 2 0/0 de cendres.
— 2e —	6,345	Avec 10 0/0 de cendres.
— 3e —	5,932	Avec 20 0/0 de cendres.
Bois parfaitement sec	3,666	Toute espèce de bois.
— séché à l'air	2,945	Contenant 20 0/0 d'eau.
Tourbe 1re qualité	3,000	
— ordinaire	1,500	

Pour compléter ces renseignements, nous ajoutons les indications suivantes, relatives au pouvoir calorifique de différents combustibles.

M. P. Malher, ingénieur civil des mines, a procédé en 1891 à la détermination expérimentale du pouvoir calorifique de différents combustibles; ses essais ont été effectués à l'aide de son appareil nommé obus calorimétrique, qui est une modification de la bombe calorimétrique de M. Berthelot.

Nous extrayons de son travail (1) les données suivantes, d'autant plus intéressantes qu'elles se rapportent à des

(1) P. Mahler. — *Contribution à l'étude des combustibles.*

pouvoirs calorifiques observés directement avec combustion complète.

I. — *Anthracites et houilles anthraciteuses.*

Désignation des combustibles.	Pouvoir calorifique observé (1).
Anthracite de Pensylvanie	7,484
Anthracite de la Mure (grande couche).	7,468
Anthracite de Hay-Duong (Tonkin)	7,533
Houille anthraciteuse de Kébao	7,828
Houille anthraciteuse de Commentry...	7,850
Houille anth. de Blanzy, Puits Sainte-Barbe	7,773
Houille anth. Grand'Combe couche Champ clauson	7,850
Houille anthraciteuse du Creusot	8,404

II. — *Houilles grasses et demi-grasses à coke.*

Demi-grasse d'Anzin, Fosse St-Marc ...	8,392
Demi-grasse de la Grand'Combe	8,371
Demi-grasse de la Roche-la-Molière....	8,417
Demi-grasse d'Aniche	8,426
Grasse d'Anzin	8,051
Grasse de Ronchamp	7,839
Grasse de Lens....	8,614
Grasse de Carmaux	8,380
Grasse maréchale de Roche-la-Molière.	8,482
Grasse des Houillières de Saint-Etienne.	8,392
Grasse des mines de Portes (Gard)	7,646

III. — *Houilles grasses à gaz.*

De Béthune	8,210
De Lens	8,395
De Firminy	8,161
De Montrambert	8,268
De Commentry	7,870
Cannel de Wigan (Lancashire)	7,761
Cannel-Coal Niddrie	7,703

IV. — *Houilles flambantes ligniteuses.*

De Montvic	7,790
De Blanzy, puits Sainte-Marie	7,866
De Decazeville (Bourran)	7,486
De Blanzy, puits Sainte-Eugénie	7,408
De Decazeville (Tramont)	7,494

V. — *Lignites.*

De la Terre-de-Feu	4,885
De Trifail (Styrie)	6,284
De Vaugirard	5,536

VI. — *Tourbe.*

De Bohême	5,489

VII. — *Bois.*

Bois de sapin de Norvège partiellement desséché	4,477
Bois de chêne de Lorraine	4,329
Cellulose ($C^{12} H^{10} O^{10}$)	4,200

VIII. — *Cokes.*

Métallurgique de la Grand'Combe	7,010
De Houille de Commentry	7,665
De Houille demi-grasse d'Anzin	7,787
D'Anthracite de Pensylvanie	7,528
Houille oxydée à chaud, de Commentry.	6,155
Houille oxydée à froid, de Blanzy, 1er échantillon	7,119
Houille oxydée à froid, de Blanzy, 2e échantillon	7,169

IX. — *Hydrocarbures divers, d'origine interne.*

Coke de pétrole d'Amérique	8,057
Huile lourde de pétrole d'Amérique	10,913
Pétrole raffiné d'Amérique	11,047
Essence de pétrole d'Amérique	11,086
Pétrole brut d'Amérique	11,094
Huile lourde de Bakou	10,805
Pétrole de Novorossisk	10,328
Naphto-Schiste de la Nouvelle-Galles ..	9,246
Ozokérite de Boryslaw	10,946

Ajoutons, pour compléter ce tableau, les chiffres relatifs au pétrole russe, qui a servi à nos essais du concours international de moteurs à pétrole de Meaux, M. Mahler ayant bien voulu nous déterminer expérimentalement la puissance calorifique de ce combustible :

Pétrole russe, densité	823.10
Pouvoir calorifique	11.040

Redtenbacher donne les quantités d'air suivantes consommées en pratique pour la combustion de 1 kilogr. de combustible (1 mètre cube d'air pèse 1 kil. 293) :

Bois complètement sec	11k8
— séché à l'air	9.5
Tourbe complètement sèche.	13.5
— séchée à l'air	10.8
Houille	21.7
Charbon de bois	19.7
Coke	19.7

Claudel nous fournit les chiffres ci-dessous pour le volume d'air froid nécessaire à la combustion d'un kilogr. de combustible.

Combustibles.	Air froid (en mètres cubes).	Observations.
Bois parfaitement desséché	9.42	
— ordinaire	7.06	25 0/0 d'eau.
Charbon de bois	15.28	7 0/0 cendres et 7 0/0 eau.
Tannée sèche	9.06	
— ordinaire	6.34	30 0/0 d'eau.
Tourbe parfaitement sèche	11.36	5 0/0 de cendres.
— ordinaire	7.96	30 0/0 d'eau.
Charbon de tourbe	14.20	20 0/0 d'eau.
Houille moyenne	16.70	2 0/0 de cendres.
Coke	17.06	4 0/0 de cendres.
Coke	15.10	15 0/0 de cendres.

(1) Nombre de calories dégagées par la combustion de 1 kilogr. de combustible.

Dans la pratique, une partie du combustible (10 à 20 0/0) passe au travers de la grille et est perdue pour la combustion. Les chiffres précédents sont donc des maxima; ils intéressent le tirage à donner au foyer; ce tirage devra être d'autant plus actif que le combustible nécessite plus d'air pour la combustion, ainsi, il faudra donner à la cheminée pour le chauffage à la houille (16.7) un tirage d'une intensité plus que double que pour le bois ordinaire (7.06).

Le tirage n'est pas en relation simple avec la hauteur de la cheminée, en voici un exemple tiré d'une table de M. E. Mathieu ; nous calculons en même temps les rapports :

Hauteur de la cheminée.	Poids de houille brulée par heure par décim. carré de section de la cheminée.	Rapports	
		de la hauteur de la cheminée.	du combustible consommé par unité de temps.
10 mètres.	3ᵏ4	1	1
15 —	4.0	1.5	1.18
20 —	4.5	2	1.32
25 —	5.0	2.5	1.47
30 —	5.1	3	1.50

Ainsi, en doublant la hauteur de la cheminée, on ne peut pas doubler la combustion, on ne l'augmente que d'un tiers (1.32); en triplant la hauteur de la cheminée, on augmente la combustion d'un demi (1.50).

Ces données sont utiles pour les appareils qui nous occupent actuellement, lorsqu'on change de combustible ou qu'on veut augmenter la production, c'est-à-dire la combustion.

La grille du foyer doit varier avec chaque combustible ainsi que la hauteur sur grille (distance de la grille au fond de la chaudière).

Les barreaux laissent entre eux des vides ou jours; le vide varie de 1/3 (pour le bois), à 1/4 (pour la houille) de la surface totale de la grille.

La hauteur sur grille est généralement de 0,30 à 0,35.

L'épaisseur de combustible varie de 0,10 (houille), à 0.20-0.30 (coke).

Si Q est la quantité de combustible (en kilogrammes) qui doit être brûlée par heure sur la grille de surface S (en mètres carrés), on a la relation :

$$Q = K S$$

K étant un coefficient suivant (d'après Redtenbacher) :

Houille.......	K = 48
Coke..........	= 379
Bois...........	= 114
Charbon de bois	= 85

On voit qu'une grille consommera dans le même temps près de trois fois autant de bois (114) que de houille (48).

Si l'on cherche la surface de la grille, on a :

$$S = Q \frac{1}{K} = Q\, m$$

les valeurs de m sont :

Houille..............	0.020
Coke.................	0.002
Bois.................	0.008
Charbon de bois......	0.011

Ainsi, la surface d'une grille devant brûler par heure 7 kilogr. de bois, devra être de :

$$7 \times 0.008 = 0^{\mathrm{m}},056$$

ou environ 5 décimètres carrés 1/2, ou $0^{\mathrm{m}},20$ de large sur $0^{\mathrm{m}},28$ de long.

Enfin, pour terminer ces notions générales sur les combustibles, on admet dans les arts qu'un kilogr. de divers combustibles peut vaporiser les poids d'eau suivants :

Combustible.	Eau vaporisée par kilogr. de combustible.	Observations sur les combustibles.
Bois sec	3ᵏ25	
— ordinaire	2.44	25 0/0 d'eau.
Charbon de bois ..	5.69	
Tannée sèche	2.76	
— ordinaire..	1.95	30 0/0 d'eau.
Tourbe sèche	4.30	5 0/0 cendres.
— ordinaire..	3.00	30 0/0 d'eau.
Charbon de tourbe.	5.20	20 0/0 cendres.
Houille moyenne..	6.50	
Coke.............	6.20	5 0/0 cendres.
	5.52	15 0/0 cendres.

Nous aurons lieu de comparer ces chiffres avec des résultats d'expériences faites sur des chaudières à cuire les aliments du bétail.

CHAPITRE III

DESCRIPTION DES APPAREILS A CUIRE

La cuisson des aliments peut s'effectuer en maintenant ces derniers, pendant un certain temps, dans de l'eau bouillante (cuisson proprement dite), ou dans de la vapeur d'eau (coction); d'où deux classes d'appareils :

1° *Appareils à eau bouillante;*
2° *Appareils à vapeur.*

La vapeur peut être produite dans le fond même de l'appareil à cuire (*appareils à feu nu, à hausse*) ou dans une petite *chaudière* spéciale, fonctionnant *avec ou sans pression.*

1° *Appareils à feu nu.* — Les anciens appareils à feu nu, encore en usage dans plusieurs localités, étaient constitués par une chaudière hémisphérique en fonte,

Fig. 18. — Chaudière à feu nu des chalets du Simmenthal.

ayant jusqu'à 1 mètre et 1ᵐ,20 de diamètre, enfermée dans un foyer en maçonnerie; tel était l'appareil : *The common boiler*, en usage en Angleterre avant 1850. Dans le même ordre d'idées, nous pouvons citer les chaudières à feu nu, employées à chauffer le lait dans les fruitières du Jura et des Alpes (fig.18); la

figure 19 montre l'installation de la chaudière A dans un chalet; le combustible est brûlé sur un âtre en pierres, les produits de la combustion s'échappent par une ouverture, ménagée dans le plafond de la pièce et qui se prolonge au-dessus du toit, par un conduit tronc-pyramidal.

Dans les chalets du Simmenthal, ces chaudières ont une capacité de 140 pots fédéraux, soit 200 litres environ.

Ces chaudières, suspendues à une potence, peuvent être retirées du feu au moment voulu; elles sont d'une manœuvre facile mais utilisent mal le combustible. Les appareils à potence sont remplacés actuellement dans les fromageries importantes par d'autres systèmes à foyer mobile, tournant horizontalement, ou roulant sur des rails.

Il convient de mentionner, dans cette classe d'appareils, la chaudière et foyer combinés de Clarke et Cᵒ fabriqués en 1858 par la Shakespeare foundry de Wolverhampton; la figure 20 en donne une coupe verticale; le foyer est en F, surmonté d'un dôme *d* affectant la forme demi-cylindrique afin d'obtenir une grande surface de chauffe; le cendrier est en *c*, la grille en *g*; le robinet de vidange en *r* ; la chaudière C peut recevoir les aliments à cuire directement ou dans une hausse qui, dans ce cas, se pose dans la gouttière *a*.

La figure 21 donne la vue extérieure d'une chaudière à feu nu de Senet; la coupe verticale est indiquée par la figure 22. On y voit la chaudière tronconique, et le retour de flammes constitué (comme dans les autres modèles analogues) par une portion de couronne en fonte, la couronne fait le tour de la chaudière, sauf sur une largeur de 0ᵐ,15 à 0ᵐ,20; ce vide correspond à une nervure verticale : les produits de la combustion, lèchent d'abord le fond de la chaudière, passent par le vide de la couronne et, arrêtés par la nervure, contournent la chaudière dans l'espace annulaire compris entre elle et les parois du fourneau, pour s'échapper dans la cheminée, après avoir fait presque un tour complet dans le plan horizontal.

La particularité de l'appareil dont nous

Fig. 19. — Installation d'une chaudière à feu nu dans un chalet.

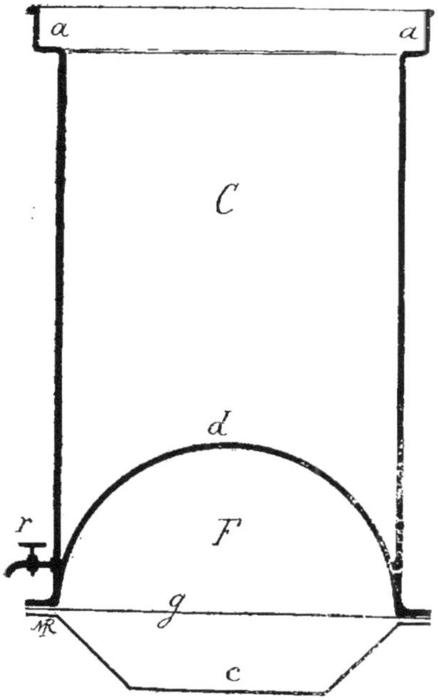

venons de parler réside en ce que toutes les pièces qui le composent sont démontables et interchangeables; la capacité

Fig. 21. — Chaudière à feu nu, à retour de flammes de A. Senet.

La capacité de ces chaudières, ordinaires ou émaillées, varie suivant les modèles de 25 à 265 litres.

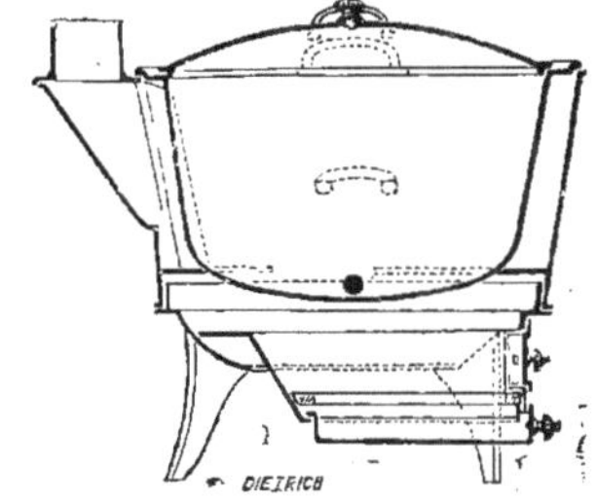

Fig. 22. — Coupe de la chaudière à feu nu à retour de flammes, de Senet.

Fig. 20. — Chaudière et foyer combinés de Clarke and C°.

du foyer se modifie suivant la nature du combustible à employer.

2° *Appareils à hausse.* — Le premier perfectionnement apporté aux appareils à cuire consista à placer la chaudière dans un fourneau en fonte monté sur socle en maçonnerie ou sur un trépied métallique; le foyer fut disposé à retour de flamme, afin d'économiser le combustible; enfin, au lieu de cuire les aliments à l'eau bouillante, on surmonta la chaudière d'une *hausse* mobile, destinée à contenir les aliments à cuire; du même coup, on obtint la cuisson à la vapeur sans pression.

L'appareil Clarke et Cie, dont nous avons déjà parlé (fig. 20), permettait de cuire les aliments à la vapeur.

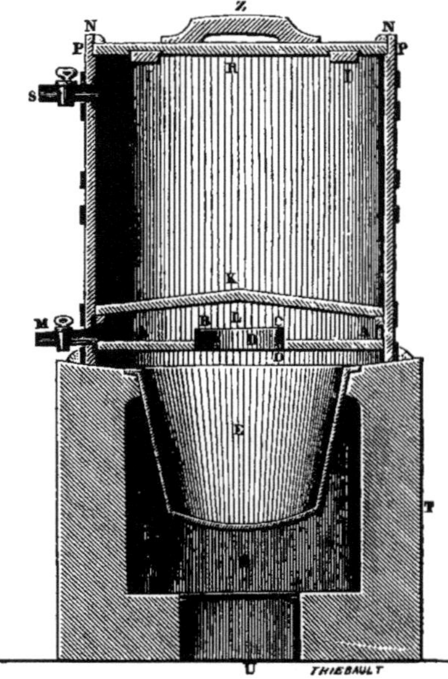

Fig. 23. — Appareil à cuire de Wohlfart.

Pour cuire à la vapeur les tubercules destinés aux porcs, Wohlfart, cultivateur à Marlenheim (Bas-Rhin) décrivait, en décembre 1841 (1) l'appareil suivant représenté par les figures 23, 24 et 25. Une chaudière E (fig. 23) est placée dans un massif de maçonnerie T audessus d'un foyer Q, dont on voit le cendrier en U. Sur la chaudière se pose un tonneau N en bois de chêne, cerclé de fer, pouvant contenir 5 hectolitres de pommes de terre.

Le fond inférieur AA présente dans sa partie centrale une ouverture B de 0^m,21 à 0^m,24 de diamètre, garnie d'une lame de tôle D qui déborde à l'intérieur (plan du fond, fig. 24).

A 0^m,08 au-dessus du fond A est placée une grille K en bois, dont la fig. 25 donne le dessin en plan; sa forme conique ramène constamment vers les parois du tonneau les produits de la condensation de la vapeur qui se réunissent sur A et

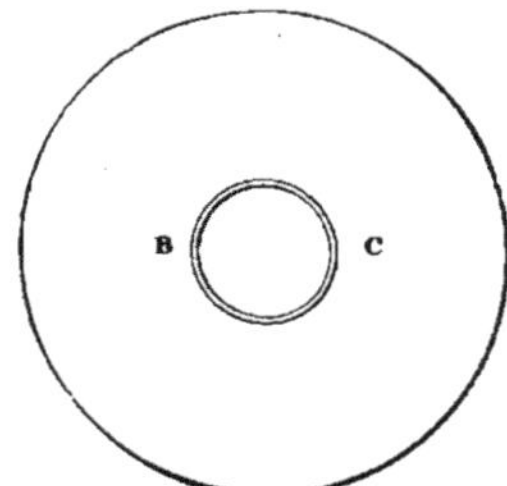

Fig. 24. — Plan du fond du tonneau de l'appareil.

sont évacués par la tubulure M (ces produits sont âcres).

Le bord supérieur du tonneau doit

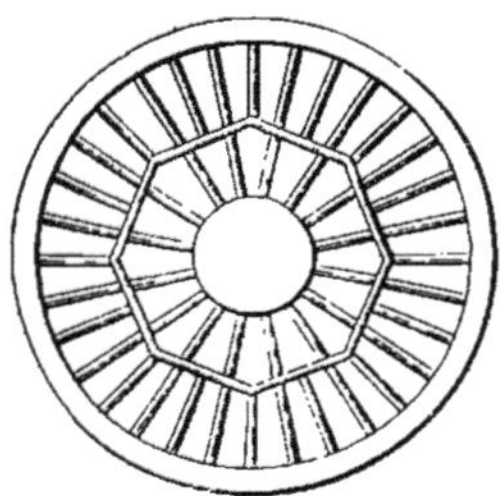

Fig. 25. — Plan de la grille en bois de l'appareil.

avoir une rainure P de 0^m,06 environ de profondeur dans laquelle s'emboîte le couvercle R afin que les douves le débordent de 0^m,03 environ. A 0^m,18 ou 0^m,20 du sommet du tonneau, une ouverture S est munie d'un robinet qui sert à régler l'écoulement de la vapeur surabondante et empêcher la pression intérieure de devenir dangereuse,

Quand le tonneau est complètement rempli, on couvre les pommes de terre avec un linge humide, on place le couvercle et on garnit, ou lute à la terre glaise le couvercle et le bas du tonneau afin que la vapeur n'ait d'issue que par la tubulure S; l'eau de condensation est évacuée en M, la vapeur (en L) ne contracte aucune odeur étrangère, et les pommes de terre perdent tout goût de terroir.

On s'aperçoit que la cuisson est parfaite quand la vapeur qui s'échappe en S,

Fig. 26. — Chaudière à feu nu, à hausse (H. de Bray).

n'exhale plus aucune odeur de pommes de terre, et que le tonneau est uniformément chaud sur tout sa hauteur.

On peut améliorerce système, en augmentant la rapidité de l'opération, par l'emploi d'un tube central perforé qui assure la répartition de la vapeur, car les aliments en cuisant s'écrasent et s'affaissent en diminuant ainsi la section des canaux d'écoulement de la vapeur, canaux qui sont constitués par les vides laissés entre les matières ; lorsque les aliments placés à la partie inférieure du cuiseur se sont tassés, la vapeur trouve une grande résistance à l'écoulement, et pour arriver à cuire les aliments placés en haut, il faut dépenser plus de temps et plus de combustible.

En 1868 figurait au concours régional agricole d'Arras une chaudière à cuire (présentée par M. H. de Bray), dont la fig. 26 donne une vue extérieure.

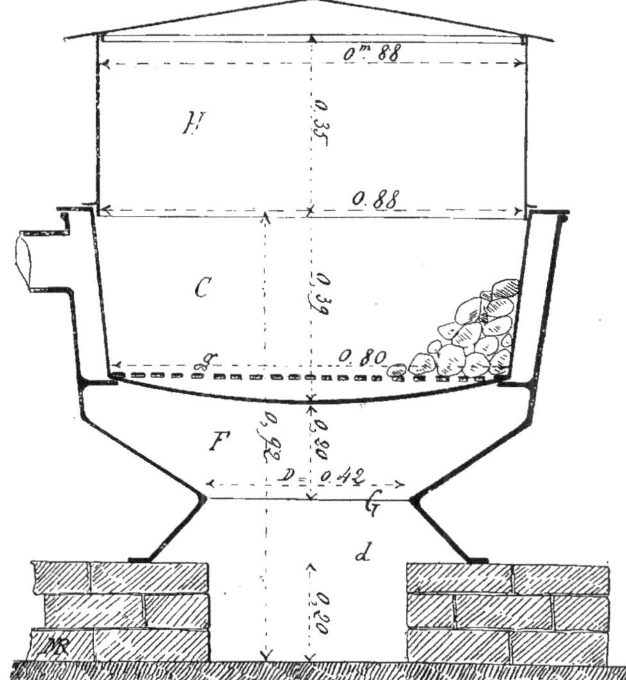

Fig. 27. — Coupe verticale de l'appareil à hausse (Charlot).

Le foyer carré, monté sur quatre pieds, se raccorde à sa partie supérieure avec une enveloppe en fonte, dans l'intérieur de laquelle se trouve la chaudière ; l'espace annulaire (de quelques centimètres de largeur), qui sépare les parois du foyer de celles de la chaudière, sert au passage des produits de la combustion.

La hausse est munie de poignées pour

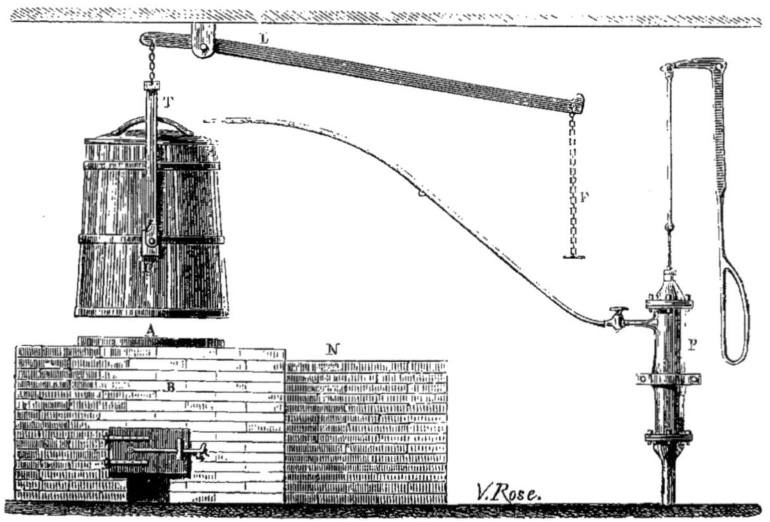

Fig. 28. — Installation d'un appareil à cuire à hausse, chez M. Minangoin.

faciliter la manutention de l'appareil ; le robinet de vidange indique que la chaudière est rendue solidaire du fourneau ; la contenance de l'appareil variait de 40 à 175 litres.

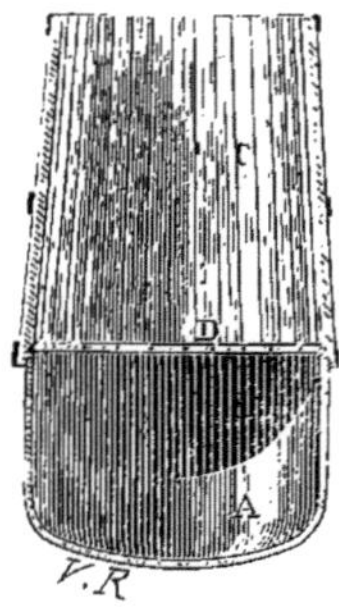

Fig. 29. — Coupe de la chaudière de l'installation, fig. 16.

On construit encore de ces appareils à hausse. La fig. 27 donne la coupe de l'appareil Charlot, en service dans l'annexe de la porcherie de Grignon ; les tubercules à cuire sont placés sur une grille en bois *g*, disposée un peu au-dessus du fond de la chaudière C, et il suffit

de 40 litres d'eau pour cuire 3 hectolitres et demi de pommes de terre (ou 220 à 300 kil.) ; on voit en F le foyer, en G la grille, en *d* le cendrier et la hausse en H. Nous avons eu l'occasion de faire faire des expériences sur cette chaudière dont voici les dimensions principales :

Chaudière tronc conique à fond hémisphérique.

Diamètre supérieur..........	0.88
— inférieur..........	0.80
Profondeur dans l'axe........	0.39

Hausse cylindrique en tôle.

Diamètre intérieur..........	0.88
Hauteur....................	0.35

Foyer.

Distance de la grille au fond de la chaudière..........	0.20
Diamètre de la grille circulaire....................	0.42
Hauteur du foyer en fonte....	0.72
— du cendrier en briques.............	0.20
— au-dessus du sol....	0.92

Voici les constatations faites récemment à Grignon par notre répétiteur, M. Danguy :

CUISSON DES POMMES DE TERRE

	Merveille d'Amérique rosée et Canada.	Guelbe rose et Richter's.
	64ᵏ65 l'hectolitre.	63ᵏ l'hectolitre.
Poids des tubercules mis à cuire..	226ᵏ3	226ᵏ7
Volume...	3 1/2 hectol.	3.6 hectol.
Volume d'eau dans la chaudière..............	40 litres.	50 litres.
Température de l'air........................	7°, 8	8°
Allumage : copeaux, brindilles..............	0ᵏ500	0ᵏ350
— bois, jusqu'à l'ébullition..........	13ᵏ500	17ᵏ
— temps nécessaire	15 minutes.	20 minutes.
Cuisson : temps employé...................	2 heures.	1ʰ23
— bois consommé (bouleau, pommier, hêtre, chêne)....................	19ᵏ8	30ᵏ2
Temps total nécessaire......................	2 h. 1/4	1ʰ45'
Bois nécessaire (allumage compris)..........	33ᵏ3	47ᵏ2

En 1876, M. N. Minangoin, ancien élève de l'école d'agriculture de la Saulsaie, installa dans son exploitation d'Esnon, près Brienon (Yonne) un appareil à hausse pour la cuisson à la vapeur des racines et des tubercules. Une chaudière cylindrique, en fonte A (fig. 28 et 29) est fixée dans le massif de maçonnerie B du foyer ; une hausse mobile C, troncconique, en bois cerclé de fer, munie à sa partie inférieure d'un fond D percé de trous, vient se poser sur la chaudière A. La manœuvre de la hausse C est facilitée par un levier L à chaîne F, et poignée ; la hausse est elle-même montée par deux tourillons t sur une fourche T afin de pouvoir opérer le déchargement d'un seul coup dans une auge voisine N, où doit s'effectuer le broyage ou le pilage des tubercules cuits.

L'alimentation de la chaudière est assurée par la pompe P dont l'eau, conduite par un tuyau de toile est, déversée sur la cuve C afin de laver les tubercules en entraînant dans la chaudière A, la terre qui y est adhérente.

Voici quelques renseignements sur cet appareil très simple :

Contenance de la chaudière A..	60 litres.
— de la hausse C.....	230 —
Temps de mise en marche (de l'allumage à l'ébullition).....	25 minutes.
Temps de cuisson.............	1 h. 30 m.
Combustible consommé :	
Allumage....................	1 fagot de bois
Charbon	10 kilogr.

Dans les appareils allemands du système Weber (F. Ruthe de Berlin), qui rentrent dans cette catégorie, l'ensemble du foyer, de la chaudière et de la hausse affecte la forme d'un cylindre vertical, en tôle, monté sur trois pieds. L'eau s'introduit latéralement par un entonnoir ; les aliments sont chargés par un couvercle à vis de pression, et après la cuisson, sont enlevés par une porte autoclave située au-dessus du gueulard du foyer ; ils tombent sur un plan incliné en tôle qui les déverse dans un baquet.

3° *Appareils à bascule.* — Les appareils fixes, à hausse, présentant des difficultés pour la vidange des aliments après leur cuisson (à moins d'avoir recours à des leviers de soulèvement comme nous en avons donné un exemple dans l'appareil Minangoin), on eut l'idée de monter le foyer et la chaudière sur deux tourillons horizontaux.

L'appareil à cuire à bascule de Beaume (fig. 30) se compose d'un récipient cylindrique A qui surmonte le foyer F, en cuivre, avec bouilleur a. Le foyer est tout entouré d'eau ; au-dessus se place une claie c en bois ou en tôle perforée (formant diaphragme), sur laquelle se chargent les matières à cuire. Lorsque la cuisson est terminée, il suffit d'enlever l'eau par un robinet inférieur, de retirer un verrou latéral et de faire basculer la chaudière sur ses tourillons t, dans le sens indiqué par les flèches 1 et 2, afin de déverser le contenu dans un coffre en bois ou dans une brouette spéciale qui sert à transporter les aliments à la cuve de mélange ou aux mangeoires.

Suivant leur capacité, ces appareils peuvent cuire de 1 à 4 hectolitres d'aliments. Pour être économiques, ils ne doivent être utilisés que pour une seule cuisson par jour, car après chaque opération il faut enlever le feu avant de vider la chaudière ; la même observation peut s'appliquer aux chaudières à feu nu, à hausses, sauf pour celle représentée par la figure 28.

Au lieu de faire basculer à la fois la chaudière et le foyer, dans les appareils de M. Deroy (fig. 31) le fourneau est fixe et la chaudière seule peut basculer en tournant autour de deux tourillons horizontaux. Avec cette disposition, on peut faire plusieurs cuissons par jour sans avoir à enlever le feu du foyer à la fin de chaque opération ; dans le fond de la chaudière, un diaphragme supporte les aliments à cuire (1).

L'appareil système A. Ventzky, vendu par M. Ch. Faul, est établi sur le même

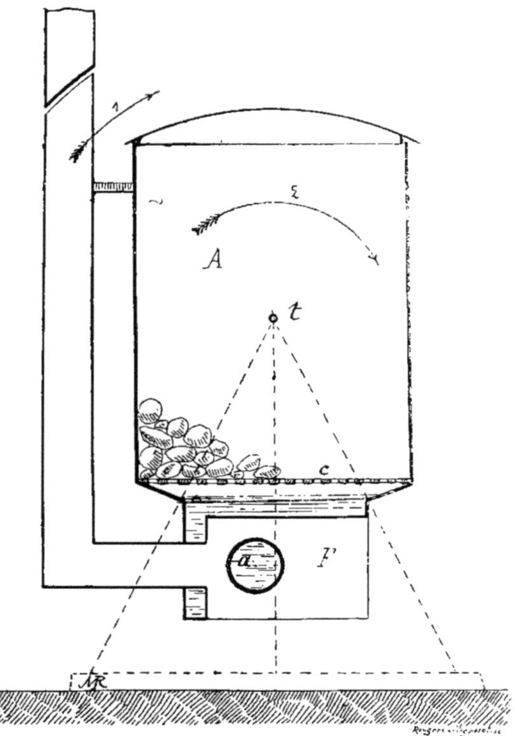

Fig. 30. — Coupe de l'appareil à bascule de Beaume.

principe (fig. 32, 33 et 34). Le foyer *o z* en fonte, garni intérieurement de matériaux réfractaires, est très bas et repose sur le sol ; après un retour de flammes *r* il se raccorde avec la cheminée *s*. Le cuiseur W seul est mobile dans le plan vertical autour de deux tourillons, afin de permettre le déchargement (fig. 34). A sa partie inférieure, le cuiseur comprend une petite réserve d'eau *k* recouverte par un cône métallique renversé K, terminé par un tube vertical percé de trous, passant dans l'axe du cuiseur. La vapeur, que dégage l'ébullition de la petite quantité d'eau contenue dans l'appareil, s'élève par le tube central et se répand dans la masse des matières à cuire (aliments, fruits, etc.) ; les eaux de condensation retournent au fond du cylindre pour subir une nouvelle évaporation. C'est en définitive, une *lessiveuse* automatique dans laquelle la circulation d'eau chaude est remplacée par une circulation de vapeur ; à la partie supérieure du cuiseur se trouve un siphon avec clapet jouant le rôle de soupape de sûreté, et un couvercle

---

(1) En faisant 2 ou 3 cuissons successives, on consomme environ 5k,5 de charbon par 100 kilogr. de pommes de terre mises à cuire.

autoclave *d*, à vis de pression, faisant joint sur une garniture annulaire en coton. La manœuvre de l'appareil est suffisamment indiquée par les figures 32 et 34.

Les contenances approximatives des différents modèles de ce cuiseur sont de 100, 160, 190, 320 et 460 litres.

Voici les dimensions principales de

Fig. 31. — Appareil à bascule (Deroy).

l'appareil Faul que nous avons expérimenté dernièrement à la Station d'essais de machines :

1° Foyer :

Hauteur	0.41
Diamètre	0.67
Grille, longueur	0.33
— largeur	0.24
— hauteur sur cendrier	0.12
— distance au fond du cuiseur	0.25
Cheminée, diamètre	0.18
— hauteur (au-dessus de la grille)	2.78

2° Cuiseur :

Diamètre	0.49
Hauteur au milieu	1.01
— sur une génératrice	0.97
Enveloppe infér., diamètre	0.59
— — hauteur	0.43

3° Poids de l'appareil :

a. Partie fixe :

Foyer avec sa maçonnerie	137^k
Cheminée avec coude	10

147^k

b. Partie mobile :

Cuiseur, avec couvercle et diaphragme	38
Total	235^k

Dans le cas de la cuisson des grains on place en dessous du cône *k* (fig. 33) un

Fig. 32. — Vue générale du cuiseur Ventzky (Faul).

faux-fond de 0^m,15 de hauteur afin d'augmenter la capacité de la chaudière.

Dans nos essais de vaporisation, on produisait 12 kilogr. à 14 kil. 66 de vapeur à l'heure, avec le chauffage au bois, et de 12 kil. 66 à 17 kil. 14 avec le chauffage à la houille, suivant l'ouverture de la clef de la cheminée. L'eau vaporisée par kilogramme de combustible était de 5 kilogr. (houille) ou de 1 kil. 8 (bois).

En pratique, on peut donc chauffer indifféremment au bois ou à la houille, ce n'est qu'une question de grille.

Voici les résultats de nos essais de cuisson :

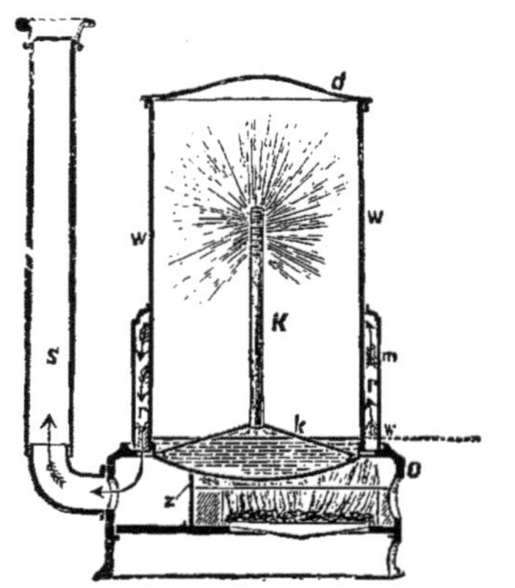

Fig. 33. — Coupe verticale du cuiseur Ventzky.

Fig. 34. — Cuiseur Ventzky en déchargement.

1° *Pommes de terre* (non lavées).

			Moyennes.
Poids de l'hectolitre	66k	66k	Moyennes.
Nombre de tubercules à l'hectolitre	708	1109	—
Combustible employé	bois	bois	—
Poids mis à cuire	118k	115k	116k5
Volume mis à cuire	178l7	174l9	176l8
Mise en marche : eau dans la chaudière	15k	12k	13k5
— — température de l'eau	4°5	4°5	4°5
— — — l'air	9°	12°	10°5
— — menu bois d'allumage	0k700	0k700	0k700
— — bois consommé	4k	4k	4k
— — temps employé jusqu'à l'ébullition	21'	19'	20'
Cuisson : temps de l'ébullition à la fin du feu	1h15'	1h15'	1h15'
— temps total de l'allumage à la fin de la cuisson.	1h51'	1h49'	1h50'
— Combustible consommé (non compris celui de la mise en marche)	10k	10k	10k
— Eau consommée	6k4	4k8	5k6

2° *Cuisson du seigle* (poids de l'hectolitre : 72 kilogr.).

Combustible employé.	Houille.	Bois.	Moyennes.
Trempage du grain : durée du trempage	3h	5h15'	4h7'
— — eau absorbée 0/0 du poids du grain.	16 0/0	25 0/0	»
Poids de grain sec mis à cuire	97k	71k5	84k25
Volume mis à cuire	137l7	111l7	»
Mise en marche : eau dans la chaudière	35k	40k	37k5
— — température de l'eau	6°	4°5	5°25
— — — l'air	15°	11°	13°
— — menu bois d'allumage	0k700	0k700	0k700
— — bois	0.800	6k00	»
— — temps jusqu'à l'ébullition	27'	32'	29'5
Cuisson : temps de l'ébullition à la fin du feu	2h	1h30	1h45
— — total de l'allumage à la fin de la cuisson.	2h42'	2h17'	2h29'
— combustible consommé (non compris celui de la mise en train)	7k600	11k00	»
— eau consommée	35k	32k	33k5

En résumé avec l'appareil expérimenté on peut cuire :

1° 176 litres de pommes de terre en 1 h. 50 minutes (y compris le temps de l'allumage) en consommant 14 kil. 700 de bois.

2° 123 litres de grain en 2 h. 29 minutes (y compris le temps de l'allumage) en consommant suivant le combustible :

Soit 1ᵏ500 de bois et 7ᵏ6 de houille,
17.700 de bois.

L'appareil se manœuvre très facilement et la cuisson s'effectue d'une façon très régulière.

4° *Appareils à chaudière séparée.* — James Slight et R. Scott Burn citaient dès 1858 l'appareil suivant, utilisé dans plusieurs fermes anglaises pour cuire les aliments destinés à 10 et 16 chevaux (fig. 35). Une chaudière cylindrique horizontale C, de 0ᵐ,50 de diamètre et 1ᵐ,20 de long, est encastrée dans un foyer F en briques de 2 mètres de longueur, 1ᵐ,20 de largeur et 1 mètre de hauteur environ ; la chaudière a une surface de chauffe de 6 mètres carrés et fonctionne sous une pression de 1ᵐ,30 à 1ᵐ,90 d'eau. L'alimentation a lieu par un réservoir R dont

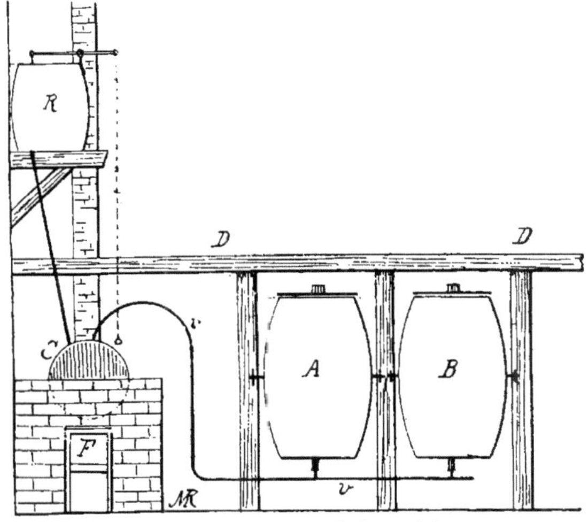

Fig. 35. — Ancienne installation anglaise.

le niveau supérieur est environ à 2 mètres au-dessus du niveau de l'eau dans la chaudière.

Le tuyau de vapeur v, de 0ᵐ,07 de diamètre, communique avec les récipients à cuire A et B de 225 à 450 litres de capacité, constitués par des tonneaux montés sur des tourillons horizontaux, maintenus par une charpente D ; la connexion du tuyau de vapeur v avec les cuves A ou B se fait par emboîtement.

Le temps d'allumage varie, pour cet appareil, de 30 à 54 minutes. Pour cuire 360 litres de pommes de terre, il faut environ 1 heure, tandis qu'il en faut 5 pour la même quantité de turneps.

Les appareils de Smith and Cᵒ, de Richemond and Chandler et de la Société Eckert, sont analogues : une chaudière, cylindrique horizontale (Smith) ou tron-

conique verticale (Richemond, Eckert), enfermée dans un massif de maçonnerie, communique par des tuyaux avec les récipients métalliques, montés à bascule sur des tourillons horizontaux.

La chaudière C de l'appareil Richemond et Chandler a 135 litres de capacité et est placée dans un massif M (fig. 36) ayant des carnaux m à retour de flamme ; le niveau de l'eau est indiqué par un flotteur dont la chaîne f passe sur une poulie P ; l'alimentation est assurée par un réservoir R surélevé de 1 mètre à 1ᵐ,50, dont le tuyau t pénètre dans la chaudière jusqu'à 0ᵐ,08 au-dessus du fond (on voit la prise de vapeur en V). Le cuiseur cylindrique a 0ᵐ,60 de diamètre, 0ᵐ,80 de hauteur et contient 144 litres de tubercules ou de racines ; d'après M. H. Fritz, professeur à Zurich, la cuisson d'un hectolitre de pommes de terre exige une production de 8 à 9 kilogr. de vapeur et demande de 30 à 45 minutes.

Le même auteur dit que, pour cuire 100 kilogr. de pommes de terre, il faut 15 à 25 kilogr. d'eau et de 10 à 13 kilogr. de charbon de terre ou 20 à 30 kilogr. de bois.

D'après le Dr E. Perels, professeur à Vienne, l'appareil Richemond peut cuire en 1/2 ou 3/4 d'heure de 2 à 2,5 hectolitres de pommes de terre, en consommant 17 kilogr. de vapeur, soit de 6,8 à 8,5 kilogr. de vapeur par hectolitre de tubercules.

D'après A. Wüst, professeur à Halle-sur-Saale, l'appareil de la Société Eckert, analogue à celui de Richemond et Chandler, fonctionne sous une pression de 1 mètre à 1^m,50 d'eau. 1 kilogr. de

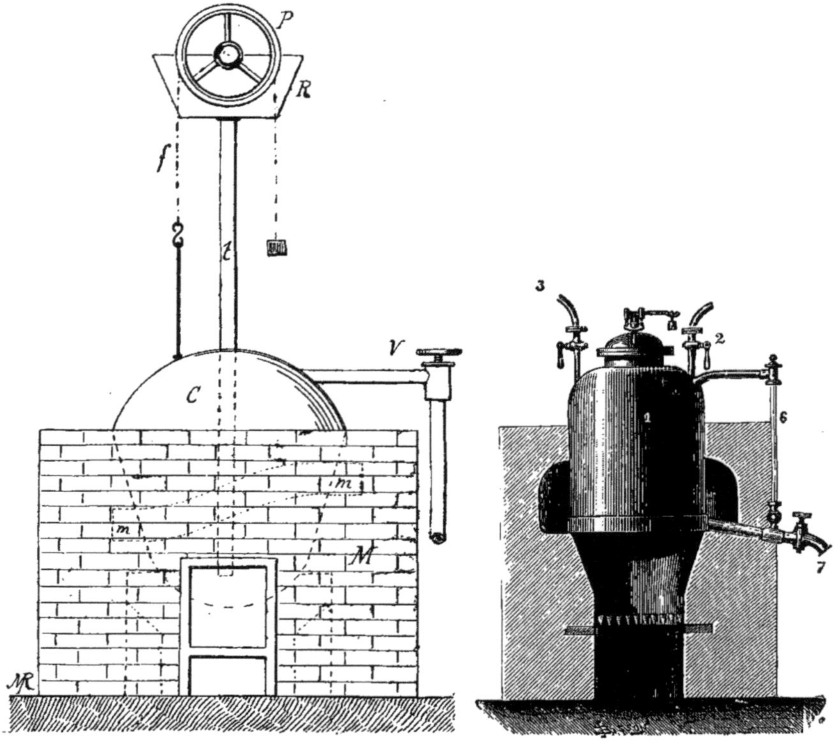

Fig. 36.
Chaudière de l'appareil Richemond et Chandler.

Fig. 37.
Petite chaudière à basse pression (Deroy.)

vapeur sèche à la pression atmosphérique suffit pour cuire 5 à 6 kilogr. de pommes de terre ; mais comme la vapeur est toujours plus ou moins saturée, et qu'il y a des condensations sur les parois du cuiseur, il faut compter que 100 kilogr. de pommes de terre exigent 25 kilogr. de vapeur, que l'on obtient en une heure, pour une surface de chauffe de 1 à 1 m. c. 5, avec 4 kilogr. de charbon de terre ou 8 à 12 kilogr. de lignite.

Si la surface de chauffe est réduite à 0,3 ou 0,7 mètre carré, la cuisson dure plus longtemps et il faut consommer jusqu'à 8 kilogr. de charbon de terre ou 25 kilogr. de lignite pour cuire 100 kilogr. de pommes de terre.

Suivant le combustible, la mise en marche est de 15 à 30 minutes et la cuisson dure de 45 minutes à 1 h. 30 minutes, en raison de la capacité du récipient.

Nous avons eu l'occasion d'observer le fonctionnement d'une chaudière semblable à celle de la figure 36, enfermée dans un massif de maçonnerie. La chaudière avait 0ᵐ,745 de diamètre et 0ᵐ,67 — 0ᵐ,645 de profondeur ; elle contenait 260 litres d'eau. La cheminée avait une hauteur de 8ᵐ,40 au-dessus de la grille.

Temps en minutes.	Température de l'eau. — Chauffage	
	au bois.	à la houille.
0′	21°	10°5
10′	25°5	13°
20′	33°	17°
30′	41°	24°
40′	45°	31°
50′	50°	41°
60′	54°	55°
1ʰ10′	56°5	65°
1ʰ20′	59°	75°
1ʰ25′	—	80°
1ʰ30′	60°	—

Menu bois d'allumage..........	2ᵏ070	2ᵏ180
Gros bois (bûches et bois fendus)..	8ᵏ865	»
Houille	»	12ᵏ463
Calories dégagées par 1 kil. de combustible.........	3,600	6,300
Calories fournies par le combustible...........	31,914	78,529.5
Calories utjlisées..	10,140	20,670
Rendement	31.7 0/0	26.3 0/0

La figure 37 indique le montage, dans un foyer en maçonnerie, d'une chaudière 1 cylindrique verticale, surmontée d'une petite soupape de sûreté ; en 2 et 3 sont les tuyaux de prise de vapeur ; le niveau

Fig. 38. — Appareil Stanley.

d'eau 6 se raccorde avec le tuyau de vidange 7 pourvu d'un robinet. L'alimentation de ces petites chaudières se fait par un réservoir surélevé comme nous en avons vu un exemple dans l'appareil Richmond et Chandler (fig. 36) ; enfin le foyer est pourvu d'un carneau de retour de flammes afin d'augmenter le plus possible la surface de chauffe.

Dès 1855 (Exposition universelle de Paris), on remplaça les foyers en maçonnerie, encombrants et coûteux, par des foyers en fonte (appareils Stanley (1) et Charles.)

(1) D'après M. Pusey, président de la Société royale d'agriculture, lors de l'Exposition universelle de Londres en 1851 : « l'usage de la cuisson des aliments du bétail ne s'est pas encore fort répandu, et on peut en regarder l'utilité comme douteuse, excepté pour la cuisson à la vapeur des pommes de terre destinées aux cochons. Par ce système, les pommes de terre, même en partie gâtées, peuvent devenir un bon aliment et se conserver plusieurs mois. — Il semble inutile d'établir des appareils fixes

L'appareil Stanley est représenté par la figure 38. La petite chaudière verticale à foyer intérieur, est munie d'une soupape de sûreté et de robinets de jauge, la vapeur est envoyée dans les cuiseurs latéraux, en tôle, montés à bascule sur tourillons. Dans la figure 38, un arrachement de la cuve de droite montre la dis-

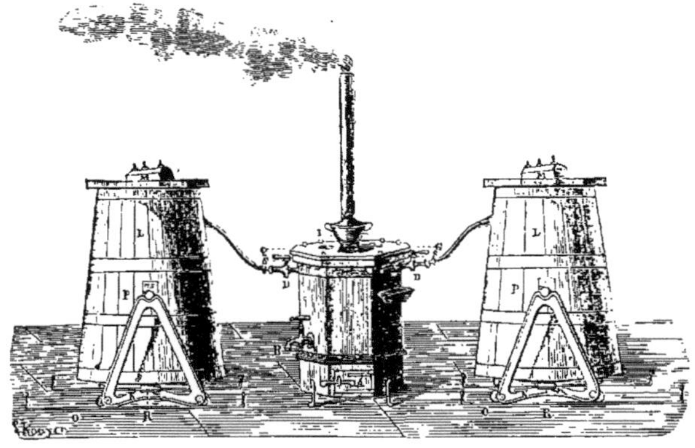

Fig. 39. — Appareil Clamageran.

position intérieure : le tuyau de vapeur est coudé et débouche en dessous du faux fond en bois ou en tôle perforée ; ces cuves ont une capacité de 150 à 200 litres.

Dans l'appareil Pernollet, de la même

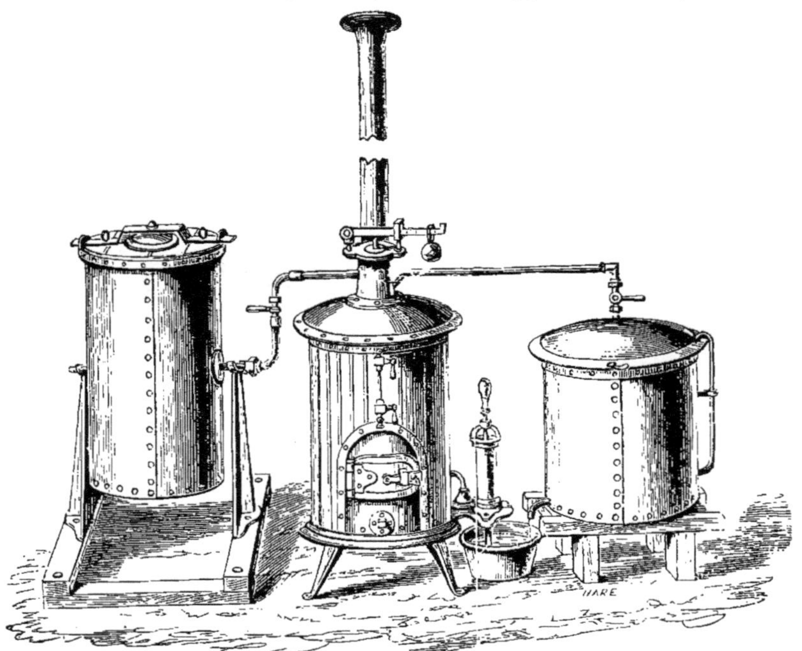

Fig. 40. — Appareil à cuire les aliments à la vapeur, de Barford et Perkins (Pilter).

dispendieux ; l'appareil mobile de Stanley (de Peterborough) est bien supérieur ; il peut être monté avec facilité dans tout endroit où l'on en a besoin. Dans un essai, il chauffa 5 hectolitres d'eau, tandis qu'un appareil à demeure fixe n'en chauffa que 3 hectolitres avec la même quantité de combustible ; et cet appareil fixe était auparavant le plus avantageux. »

époque (1860), les cuiseurs sont fixes et sont constitués par des cuves tronconiques en bois, avec un faux fond inférieur en dessous duquel débouche le tuyau de vapeur; la charge de ces cuves, d'une capacité de 2,5 à 8 hectolitres, exige 2 heures de cuisson.

L'appareil Clamageran (1861), indiqué par la fig. 39, présente une modification dans le générateur, modification qui fut appliquée à l'appareil Barford et Perkins.

La chaudière est enfermée dans un fourneau B à foyer inférieur A; en B est le robinet de vidange et en D les robinets de prise de vapeur. La chaudière devant fonctionner sans pression, l'alimentation peut être assurée par un petit réservoir latéral C. Les cuiseurs sont

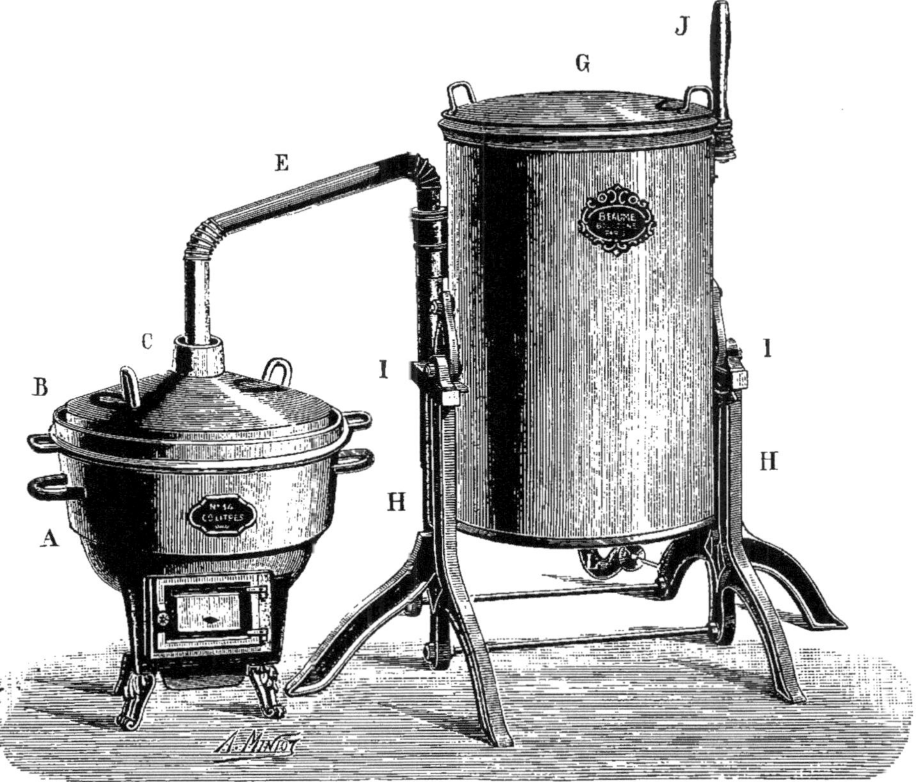

Fig. 41. — Appareil Beaume

constitués par deux cuves tronconiques L, en bois cerclé de fer, d'une capacité de 6 hectolitres chacune; un tuyau placé dans l'intérieur de chaque cuve oblige la vapeur à se répandre dans toute leur capacité afin d'obtenir une cuisson régulière. Pendant la cuisson, chaque cuve est fermée par un lourd couvercle en bois M.

A la fin de l'opération, on défait le tuyau de vapeur, on déplace horizontalement la cuve sur les rails R et on la bascule sur ses tourillons P.

Le couvercle du fourneau est percé de trois trous I pour le chauffage des ustensiles de cuisine : c'est donc à la fois un appareil pour cuire les aliments du bétail et un fourneau économique.

Avec cet appareil (1860 1861), les frais de cuisson étaient estimés à 0 fr. 11 ou 0 fr. 13 par hectolitre de matière; nous pensons que ce chiffre ne doit comprendre que la dépense de combustible.

L'appareil Barford et Perkins (fig. 40) est analogue au précédent, le générateur, pourvu d'une petite pompe verticale d'alimentation, d'un niveau d'eau et d'une soupape de sûreté, est enfermé dans une sorte de poêle en fonte monté sur pieds ; les cuiseurs, en tôle, sont fixes (pour les grains) ou à bascule (tubercules et racines). Cet appareil exige, d'après E. Perels, 20 à 30 kilogr. de charbon de terre pour cuire 1,000 kilogr. de pommes de terre ou de raves.

On a proposé depuis de nombreux types d'appareils qui se différencient par la chaudière verticale ou horizontale, (Austin, système américain ; système allemand ; Weber, de F. Ruthe de Berlin) à flamme directe ou à retour de flamme ; les foyers sont métalliques afin d'éviter les massifs de maçonnerie.

Parmi les appareils les plus récents, cuisant à la vapeur sans pression, citons celui de Beaume. Il se compose d'un foyer A (fig. 41) à retour de flamme (le retour est constitué par une nervure venue de fonte avec le foyer, et une portion de cercle amovible, également en fonte), sur lequel se pose une chaudière hémisphérique. Le couvercle B de la chaudière se loge dans une goulotte annulaire, qui constitue un joint hydraulique ; un semblable joint se trouve en C au départ du tuyau de vapeur E (en tôle galvanisée) et à l'arrivée de ce tuyau au récipient G.

Le récipient G est en tôle galvanisée ; la vapeur pénètre dans le faux fond infé-

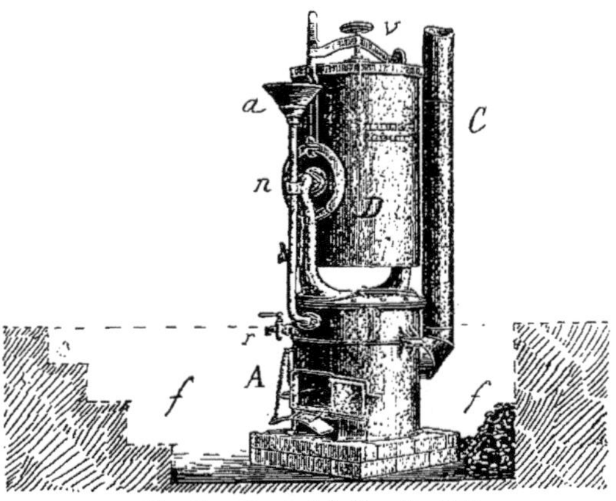

Fig. 42. — Appareil de Umrath et Cⁱᵉ

ricur surmonté d'une plaque perforée sur laquelle se placent les matières à cuire ; un conduit central, en tôle perforée, assure la diffusion de la vapeur dans toute la masse des matières. A la partie inférieure, un siphon L permet, en pleine marche, l'écoulement des eaux de condensation. Le récipient est monté sur un bâti H par deux tourillons horizontaux I, qui permettent de le basculer avec une poignée J ; pour cette opération, on enlève le tuyau de communication de la chaudière au récipient.

Les aliments à cuire sont chargés dans le récipient, puis recouverts d'un disque en feutre mouillé, garni de paille hachée également mouillée.

Voici les dimensions principales de l'appareil qui a été expérimenté à la Station d'essais de machines :

1° Chaudière.

Diamètre	0ᵐ,56
Profondeur dans l'axe	0ᵐ,30
Capacité totale	64 litres.
Charge d'eau au départ	50 —
Distance du fond de la chaudière à la grille	0.22
Distance du bord supérieur de la chaudière au sol	0.69
Diamètre de la cheminée	0.11
Hauteur de la cheminée, au-dessus du sol	2.70
Hauteur de la cheminée, au-dessus de la grille	2.57
Grille, longueur	0.27
— largeur	0.20

2° Cuiseur.

Diamètre	0.57
Hauteur	0.86
Hauteur du chargement	0.73
Capacité totale	205 litres.
Diamètre du conduit central	0.09
Hauteur totale au-dessus du sol	1.17
Distance de l'axe de rotation au sol	0.64

Dans nos essais de vaporisation, avec le retour de flamme et le cendrier, on vaporisait par heure :

1^k993 d'eau par kilogr. de bois (chêne pelard fendu).
6.000 d'eau par kilogr. de houille (Charleroi).

Avec le bois, il faut 38 minutes pour mettre en ébullition 50 litres d'eau, et on consomme 0 kil. 700 de menu bois et 6 kilogr. de bois.

Avec la houille, il faut 43 minutes pour la mise en marche, et on consomme 0 kil. 700 de menu bois, 0 kil. 800 de bois et 4 kil. 670 de houille.

En pleine marche, on vaporise par heure :

13^k950 d'eau en consommant 7^k de bois.
12.000 — — 2^k de houille.

Il est à remarquer que le chauffage au bois est préférable à celui de la houille pour la rapidité de l'opération. Malgré sa simplicité de construction, la chau-

Fig. 43. — Cuiseur à vapeur (Albaret.)

dière supporte avantageusement la comparaison avec les grands générateurs de vapeur :

Combustible.	Bois.	Houille.
Eau vaporisée par heure et par kilogr. de combustible :		
Générateurs de vapeur......	2^k5	6^k8
Chaudière Beaume..........	1.993	6.0
Coefficient de vaporisation de la chaudière Beaume, relativement aux générateurs de vapeur (pour 100)......	79.6	88.3

Voici les résultats des essais de cuisson :

1° *Pommes de terre rouges.*

Poids de l'hectolitre............ 65^k24
Nombre de tubercules à l'hectol.   790

	Tubercules		
	non lavés.	lavés.	Moyennes.
Tubercules mis à cuire :			
Poids.............	125^k	125^k	125^k
Volume...........	1^h91	1^h91	1^h91
Cuisson :			
Temps employé....	2 h.	2 h.	2h.
Bois consommé.....	14^k	14^k	14^k
Eau évaporée......	21	24	22^k500
Eau de condensation, (densité 1250)....	17	17	17^k

2° *Cuisson du seigle.*

Poids de l'hectolitre........... 76ᵏ250

Charge de grain mis à cuire :

		Moyennes.
Poids.............	130ᵏ	130ᵏ	130ᵏ
Volume............	1ʰ70	1ʰ70	1ʰ70
Trempage du grain :			
Eau absorbée......	20ᵏ	35ᵏ	»
Eau absorbée p. 100 du poids du grain.	15.384	26.923	»
Durée du trempage.	5 h. 15 m.	14 h.	»
Cuisson :			
Temps employé.....	2 h.	2 h.	2 h.
Bois consommé.....	14ᵏ	14ᵏ	14ᵏ
Eau évaporée	26	25	25.5
Eau de condensation, (densité 1150).....	4	4.5	4.25

Dans certains appareils à bascule, on a cherché à rendre le cuiseur indépendant d'une chaudière qui est située au dessous ; tel est l'appareil autrichien de Umrath et Cⁱᵉ, de Prag-Bubna (janvier 1895), que représente la figure 42 ; on voit à la partie inférieure, le fourneau A entourant une chaudière fixe, et se raccordant avec la cheminée C. L'alimentation d'eau se fait par l'entonnoir *a* qui sert en même temps de manomètre et de soupape de sûreté, en *r* est le robinet de vidange. Sur cette partie fixe s'élèvent deux montants, par lesquels passe la vapeur qui pénètre dans le cuiseur D par les tourillons *n* ; le cuiseur

Fig. 44. — Appareil pour cuire ou distiller à la vapeur sous pression (Deroy.)

est pourvu d'un couvercle fermé par une vis de pression *v* ; un levier sert à basculer le cuiseur D.

Cette disposition conduit à surélever beaucoup le récipient ce qui n'est pas fait pour faciliter la manutention des matières à cuire, à moins que l'on prévoie l'installation de l'appareil dans une sorte de fosse *f* destinée à loger la partie fixe (foyer et chaudière).

D'après le constructeur, pour cuire 100 litres de pommes de terre, il faut 35 minutes et l'on dépense 7 kilogr. de bois ou 6 kilogr. de tourbe ; non compris le temps d'allumage et de mise en ébullition de la chaudière. La pression ne dépasse pas 0 kil. 100 par centimètre carré ; enfin la chaudière peut rester chaude pour une cuisson suivante.

5° *Cuiseurs à vapeur sous pression.* — Nous ne ferons que de signaler ces appareils proposés à diverses reprises, mais qui ne se sont pas répandus dans les exploitations agricoles ; ils utilisent la vapeur sous une pression de 4 à 6 kilogr. par centimètre carré.

Les cuiseurs sont métalliques, fixes ou à bascule, fermés par un autoclave. L'appareil qui fut proposé par Albaret (fig. 43) consistait en un tonneau en tôle, à axe horizontal ; un autoclave à vis de pression sert à l'introduction des matières à cuire. La vapeur, provenant d'un générateur, passe par un des pivots muni d'un joint à presse-étoupe. Pendant la cuisson, le cylindre est animé d'un lent mouvement de rotation au moyen d'un arbre à vis sans fin, actionné par la transmission de la machine à vapeur. La cuisson des racines ou des grains est rapide et s'effectue d'une façon uniforme. A la fin de l'opération, on laisse échapper la vapeur par un robinet spécial, on ouvre l'autoclave et, en faisant tourner le cylindre, les aliments cuits tombent d'eux-mêmes dans un bac ou un chariot spécial.

Ces appareils peuvent utiliser la vapeur de la locomobile ou du générateur de la ferme, mais il faut veiller à ce que l'eau d'alimentation de la chaudière n'entraîne pas des huiles de graissage qui communiqueraient aux aliments un goût désagréable au bétail.

La figure 44 représente une semblable installation, le générateur vertical est en communication avec le cuiseur de gauche; à droite de la figure est un alambic basculant, chauffé à la vapeur; la chaudière de cet alambic peut au besoin servir de cuiseur pour les aliments du bétail.

Lorsqu'on installe un générateur spécial pour le service de la cuisson, il est recommandable de le munir d'une bouteille alimentaire dont la manœuvre est plus simple et plus facile qu'une pompe d'alimentation à bras ou d'un injecteur. La figure 45 représente un générateur employé par M. Deroy dans ses installations de distilleries à vapeur, cuisines, fabrication de liqueurs, laboratoires, etc. En laissant de côté la déscription du générateur 1, qui peut d'ailleurs être quelconque, on voit qu'il est surmonté de la bouteille d'alimentation 2 placée en dessous d'un bac d'alimentation 3.

La bouteille d'alimentation consiste en un récipient cylindrique, généralement horizontal, pourvu d'un tube de niveau d'eau; elle est maintenue contre le mur par deux consoles. Voici en peu de mots le principe de fonctionnement de la bouteille : 1° le récipient 2 étant vide et sans communication avec la chaudière, on le remplit avec de l'eau d'alimentation provenant du bac 3; 2° on met la bouteille en communication avec la vapeur de la chaudière 1 par le tube de gauche et avec la partie inférieure du générateur, avec le second tube de gauche ; la pression du générateur s'équilibre dans la bouteille alimentaire dont l'eau descend dans le générateur; 3° la bouteille étant vide, on ferme ses robinets de communication avec le générateur et on yadmet une nouvelle quantité d'eau

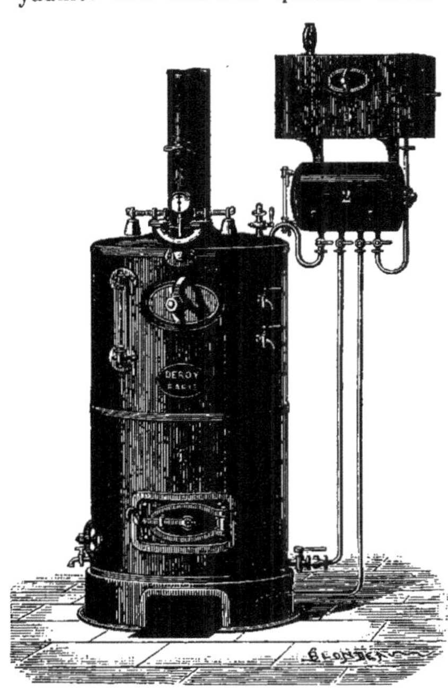

Fig. 45. — Générateur avec bouteille d'alimentation.

d'alimentation, provenant du réservoir 3 ; cette eau pénètre facilement dans la bouteille par suite de la condensation de la vapeur qu'elle contient. (Dans la figure 45, le troisième tube, de gauche, qui débouche dans le cendrier sert de purgeur à la bouteille d'alimentation).

CHAPITRE IV

DONNÉES PRATIQUES

§ 1. — Résultats d'expériences.

Nous avons pu déterminer, à la Station d'essais de machines, le nombre de calories nécessaires pour cuire 1 kilogr. de différents aliments; voici les résultats principaux :

Aliments.	Calories nécessaires pour cuire 1 kilogr.
Pommes de terre............ ...	94
Châtaignes......................	117.3
Orge, après 24 heures de trempage.	93
Seigle, après 5 heures de trempage.	124
— — 12 — —	110.6
— — 14 — —	106.2
— — 48 — —	100.7

A propos du seigle, on peut constater l'influence du trempage; *plus la quantité d'eau absorbée par un grain est élevée, moins le grain exige de calories pour sa cuisson.* La quantité d'eau absorbée, pour 100 du poids du grain était :

	Eau.
Seigle, après 5 heures...........	15.38 0/0
— — 12 —	28.5 —
— — 14 —	26.9 —
— — 48 —	50.0 —

l'orge avait absorbé 37.5 0/0 d'eau.

Comme on le voit, on a intérêt à tremper les grains avant de les cuire : on leur fournit ainsi l'eau à bien meilleur marché que si on la leur donnait sous forme de vapeur.

A ces chiffres il convient d'ajouter les calories consommées pour l'échauffement du cuiseur, les pertes de chaleur par rayonnement de ses parois et le contact de l'air. On peut en tenter le calcul de la façon suivante :

Les pertes P de chaleur sont dues :

1° A l'échauffement E du cuiseur;

2° Aux pertes par rayonnement R, du cuiseur;

3° Aux pertes A par le contact de l'air.

1° Perte E due à l'échauffement du cuiseur :

Si Q est le poids du cuiseur (dans sa partie qui reçoit la vapeur, non compris, par exemple, le bâti).

Si t est la différence de température entre celle de la vapeur (100 degrés si la vapeur est sans pression) et la température initiale du cuiseur.

K un coefficient variant avec la nature des parois du cuiseur.

On a :

$$E = Q\,t\,K \quad (1)$$

les valeurs de K, ou les *chaleurs spécifiques*, sont pour les différents corps qui nous intéressent ici (1) d'après Regnault :

Fer..................	K = 0.11379
Cuivre..............	K = 0.09355
Fonte...............	K = 0.12983
Zinc................	K = 0.09355

D'après Mayer :

Bois de pin...........	K = 0.650
— de chêne.........	K = 0.570
— de poirier....... ..	K = 0.500

2° La perte R due au rayonnement est, par heure et par mètre carré, d'après Péclet (*Traité de la chaleur*) :

$$R = m\,t\,(1 + 0.0056\,t) \quad (2)$$

dans laquelle t est la différence de température entre le cuiseur (100 degrés) et celle de la pièce dans laquelle il se trouve, m un coefficient qui dépend de la nature des parois :

Laiton poli............	m = 0.258
Cuivre rouge..........	m = 0.16
Zinc..................	m = 0.24
Etain................	m = 0.215
Tôle polie............	m = 0.45
— plombée.........	m = 0.65
— ordinaire.........	m = 2.77
— oxydée...........	m = 3.36
Fonte neuve..........	m = 3.17
— oxydée....... ...	m = 3.36
Bois.................	m = 3.60

(1) La *chaleur spécifique* ou capacité calorifique d'un corps est le nombre de calories nécessaires pour élever d'un degré la température d'un kilogramme de ce corps.

3° La perte de chaleur A par mètre carré et par heure, due au contact de l'air est :

$$A = n\,t\,(1 + 0.0073\,t) \quad (3)$$

dans laquelle t est la différence de température entre le cuiseur (100 degrés) et celle de la pièce où il se trouve.

n, un coefficient qui est dans le cas des cylindres verticaux de rayon r et de hauteur h :

$$\left(0.726 + \frac{0.0345}{\sqrt{r}}\right)\left(2.43 + \frac{0.8758}{\sqrt{h}}\right)$$

et pour des cylindres horizontaux, de rayon r :

$$2.058 + \frac{0.0382}{r}$$

Ces pertes totales (R + A), en négligeant les termes du second degré, ont pour expression :

$$R + A = (m + n)\,t \quad (4)$$

formule qui exprime la loi de Newton.

Donc, si S est la surface totale du cuiseur, en mètres carrés, si H est le temps de cuisson, estimé en heures et fractions décimales d'heure, la perte indiquée par la relation (4) est alors :

$$M = S\,H\,(m + n)\,t \quad (5)$$

Notons que le résultat du calcul sera un maximum car on n'aura jamais la température t pendant la durée du temps H.

Prenons deux exemples d'application :

1° Soit un cuiseur en tôle galvanisée, cylindrique vertical, de $0^m,57$ de diamètre et $0^m,86$ de hauteur.

Le poids total Q du cuiseur (et du diaphragme intérieur) est de 38 kilogr.

La chaleur spécifique K de la tôle est 0,114.

La température initiale étant de 15 degrés, la température de la cuisson étant de 100 degrés (vapeur d'eau sans pression), l'élévation de température est de :

$$100 - 15 = 85 \text{ degrés}$$

la quantité de calories E (1) nécessaires pour l'échauffement du cuiseur est alors :

$$E = 38 \times 85 \times 0.114 = 368.22 \text{ calories.}$$

Les pertes de chaleur M, dues au rayonnement et au contact de l'air sont (5).

Surface totale S du cuiseur :

$$2\,\pi\,r^2 + 2\,\pi\,r\,h = 2\,\pi\,r\,(r + h) = 2^m05$$

temps H de cuisson $= 2$ heures.

$$M = 2.05 \times 2 \times 85 \times \left[2{,}77 + \left(0.726 + \frac{0.0345}{\sqrt{0.285}}\right)\left(2.43 + \frac{0.8758}{\sqrt{0.86}}\right)\right] = 1894.45$$

La perte totale est alors :

$$E + M = 368.22 + 1894.45 = 2262.67 \text{ calories.}$$

Or, comme 1 kilogr. de vapeur donne 637 calories, rien que pour ces pertes, il faudra dépenser :

$$\frac{2262.67}{637} = 3^k55 \text{ de vapeur}$$

Et comme avec nos chaudières d'appareils à cuire, on produit par kilogr de bois environ 2 kilogr. de vapeur, il faudra pour compenser ces pertes de chaleur, brûler environ $1^k,78$ de bois.

Prenons comme deuxième exemple, un cuiseur tronc conique en bois, ayant des diamètres de $0^m,80$ et 1 mètre, et $1^m,50$ de hauteur.

Le poids total Q du cuiseur est de 20 kilogr.

La chaleur spécifique K du chêne est de 0,57.

La température initiale 20 degrés ; celle de cuisson, 100 degrés ; l'élévation de température est de $(100 - 20) = 80$ degrés.

La quantité de calories E (formule 1) dépensées pour l'échauffement du cuiseur est

$$E = 20 \times 80 \times 0.57 = 912 \text{ calories.}$$

Les pertes de chaleur M dues au rayonnement et au contact de l'air sont, d'après la formule 5 :

Surface totale S du cuiseur, $4^m,70$,

Temps H de cuisson, 2 heures.

$$M = 4.7 \times 2 \times 80 \left[3{,}60 + \left(0.726 + \frac{0.0345}{\sqrt{0.45}}\right)\left(2.43 + \frac{0.8758}{\sqrt{1.50}}\right)\right] = 4542.08$$

La perte totale est alors de :

$$E + M = 912 + 4542.08 = 5454.08 \text{ calories.}$$

Pour ces pertes, il faudra donc dépenser :

$$\frac{5454.08}{637} = 8^k56 \text{ de vapeur,}$$

et s'il s'agit d'une chaudière produisant 2 kilogr. de vapeur par kilogr. de bois consommé, il faudra brûler :

$$\frac{8^k56}{2} = 4^k28 \text{ de bois}$$

Connaissant les pertes E + M (1 et 5) du cuiseur, si P est le poids d'aliment mis à cuire, C le nombre de calories que nous avons indiqué précédemment pour la cuisson d'un kilogramme de différents aliments, 637 étant d'après Regnault et Zeuner la chaleur latente et la chaleur spécifique de l'eau à 100 degrés, on peut déterminer la quantité ou le poids de vapeur V nécessaire pour cuire cet aliment, et déterminer par conséquent le poids d'eau qu'il est nécessaire de vaporiser pour l'opération :

$$V = \frac{1}{637}(E + M + PC) \quad (6)$$

Exemple : 1° Soit à cuire 125 kilogr. de pommes de terre dans un cuiseur cylindrique vertical en tôle (celui que nous avons pris comme exemple précédent, diamètre, $0^m,57$, hauteur $0^m,86$).

Chaleur consommée par la cuisson :

$$PC = 125 \times 94 = 11750$$
$$\text{Pertes } E + M = 2263$$
$$\overline{\text{Calories totales. } 14013}$$

poids de vapeur nécessaire,

$$V = \frac{14013}{637} = 22^k$$

ou $17^k,6$ par 100 kilogr. de tubercules.

2° Avec le même cuiseur, soit à cuire 130 kilogr. de seigle après 5 heures de trempage :

Chaleur consommée par la cuisson :

$$PC = 130 \times 124 = 16120$$
$$\text{Pertes } E + M = 2263$$
$$\overline{\text{Calories totales. } 18383}$$

poids de vapeur nécessaire,

$$V = \frac{18383}{637} = 28,85$$

ou 22 kilogr. par 100 kilogr. de grains.

Ces chiffres se rapprochent de ceux trouvés dans différents essais, et que nous résumons dans le tableau ci-dessous.

Chaudière à hausse.

Pour 100 kilogr. de pommes de terre.

		Eau.	Combustible.
Grignon....	Charlot...............	17^k08	8^k75 bois.
—	Minangoin...........	33	6.6 houille

Appareils avec chaudière séparée.

Fritz.......	Richemond et Chandler.	15 à 25	10 à 13 de houille. / 20 à 30 de bois.
Pérels......	— —	10 à 13	»
Wüst.......	Société Eckert........	25^k	Surface de chauffe. { 1 à 1^m30 { 4^k houille. / 8 à 12^k lignite. } { 0.3 à 0.7 { 8^k houille. / 25^k lignite. }
Pérels......	Barford et Perkins....	»	2 à 3^k houille.
Station d'essais de machines.	Beaume.............	18^k	16^k bois.
	Faul...............	»	12.7 bois.
	Beaume.............	19^k6	15^k4 bois.
	Faul...............	»	7.8 houille.
		»	24.9 bois.

Pour 100 kilogr. de seigle :

§ 2. — Cœfficient d'utilisation des chaudières.

Dans les chaudières à foyer en maçonnerie il faut, d'après H. Fritz (voir description des appareils) (page 41) pour vaporiser 15 à 25 kilogr. d'eau, 10 à 13 kilogr. de houille de troisième qualité ou 20 à 30 kilogr. de bois, soit en moyenne pour 20 kilogr. d'eau, 12 kilogr. de houille et 25 kilogr. de bois.

Calories utilisées, l'eau étant prise à 10 degrés, amenée à 100, à l'ébullition :

$$20 . (90 + 537) = 12,540$$

Calories que peut fournir le combustible :

    Houille........ $12 \times 6000 = 72000$
    Bois........... $25 \times 4000 = 100000$

rendement du générateur :

    Chauffé à la houille $\dfrac{12540}{72000} = 0.17$

    Chauffé au bois... $\dfrac{12540}{100000} = 0.12$

D'après A. Wüst, pour une même chaudière à foyer en maçonnerie, avec une surface de chauffe de 1 à $1^{mc},5$ cn vaporise 25 kilogr. d'eau avec 4 kilogr, de charbon de terre de bonne qualité cu 8 à 12 kilogr. (soit 10 kilogr.) de lignite.

Calories utilisées, l'eau étant à 10 degrés, amenée à 100 degrés à l'ébullition :

$$25 (90 + 537) = 15675$$

Calories que peut fournir le combustible :

    Houille........ $4 \times 7000 = 28000$
    Lignite........ $10 \times 5500 = 55000$

Rendement du générateur :

    Chauffage à la houille $\dfrac{15675}{28000} = 0.56$

    Chauffage au lignite $\dfrac{15675}{55000} = 0.28$

Le même auteur dit qu'avec 0,6 à 0,7 mètre carré de surface de chauffe, les 25 kilogr. de vapeur sont obtenus avec 8 kilogr. de charbon de terre ou 25 kilogr. de lignite.

Calories utilisées par l'eau :

$$25 (90 + 537) = 15675$$

Calories que peut fournir le combustible :

    Houille........ $8 \times 7000 = 56000$
    Lignite........ $25 \times 5500 = 137500$

rendement du générateur :

    Chauffage à la houille $\dfrac{15675}{56000} = 0.28$

    Chauffage au lignite $\dfrac{15675}{137500} = 0.11$

Dans nos expériences de la Station d'essais de machines, avec la chaudière à foyer en fonte, à retour de flamme, on produisait 22 kilogr., 5 et 25 kilogr., 5 (moyenne 24 kilogr.) de vapeur en consommant 14 kilogr. de bois.

Calories utilisées par l'eau (de 10 à 100 degrés) :

$$24 (90 + 537) = 15048$$

Calories que peut fournir le combustible :

$$14 \times 4000 = 56000$$

Avec la houille de troisième qualité, on consomme 2 kilogr. pour vaporiser 6 kilogr. d'eau :

Calories utilisées par l'eau (de 10 à 100 degrés) :

$$6 (90 + 537) = 3762$$

Calories que peut fournir le combustible :

$$2 \times 6000 = 12000$$

Rendement du générateur :

    Chauffage au bois.... $\dfrac{15048}{56000} = 0.26$

    Chauffage à la houille $\dfrac{3762}{12000} = 0.31$

En résumé, pour les chaudières enfermées dans un massif en maçonnerie, les chiffres de H. Fritz (17 à 12 0/0) sont faibles ; pour les mêmes appareils, le premier cité par A. Wüst (56 0/0) est trop élevé, les seconds (28 0/0) correspondent à nos essais qui accusent pour une chaudière avec foyer en fonte, à retour de flamme, un rendement de 26 0/0 avec le chauffage au bois et 31 0/0 avec le chauffage à la houille.

Nous pouvons donc admettre, pour les chaudières qui nous occupent en ce moment, un rendement moyen de 28 0/0 (1).

Nous pouvons ainsi déterminer le poids P de combustible ayant une puissance calorifique C (que nous avons indiquée), qu'il faudra brûler par heure pour vapo-

(1) A titre de renseignement, les grands générateurs de vapeur, à foyer et carneaux en maçonnerie ont un rendement industriel moyen de 50 0/0, c'est-à-dire qu'ils utilisent la moitié de la puissance calorifique des houilles ; avec la tannée et la sciure de bois, le rendement s'abaisse à 40 0/0.

riser un poids d'eau V, K (0,28) étant le rendement thermique de l'appareil :

$$P\,C\,K = 637\,V$$

d'où l'on tire

$$P = \frac{637\,V}{C\,K} = 2275\,\frac{V}{C}$$

Nous pouvons déterminer les valeurs n de $\frac{2275}{C}$ suivant les combustibles, et poser la relation plus simple :

$$P = n\,V$$

n étant indiqué dans le tableau ci-dessous :

Combustibles.	Valeur du coefficient n.	Observations.
Bois séché à l'air..................	0.78	Contenant 20 0/0 d'eau.
— parfaitement sec	0.63	— toute espèce de bois.
Tourbe première qualité...........	0.76	— 25 0/0 d'eau, 8 0/0 de cendres.
— ordinaire............... ...	1.52	— — —
Lignites...........	0.41	— 8-10 0/0 d'eau, 10 0/0 de cendres.
Lignites bitumineux..............	0.38	— — —
Charbon de bois sec.............	0.32	— toute espèce de bois.
— — ordinaire........	0.38	— 20 0/0 d'eau.
Houille 1re qualité	0.32	— 2 0/0 de cendres.
— 2e —	0.36	— 10 0/0 de cendres.
— 3e —	0.38	— 20 0/0 de cendres.
Coke pur.........	0.32	— — —

Soit comme exemple d'application à vaporiser 20 kilogr. d'eau par heure en employant du bois parfaitement sec ; en appliquant la relation précédente dans laquelle $V = 20$ et n, d'après le tableau $= 0,63$, on a

$$P = 20 \times 0.63 = 12^k 60$$

il faudra brûler par heure 12 kil., 60 de bois parfaitement sec pour obtenir une production de 20 kilogr. de vapeur dans le même temps (ce chiffre ne comprend pas l'allumage : paille, chiffons, brindilles, etc.).

§ 3. — Coefficient d'utilisation des cuiseurs.

Nous avons vu que A. Wüst, professeur à Halle-sur-Saale, disait que 1 kilogr. de vapeur sèche, à la pression ordinaire, suffirait pour cuire 5 à 6 kilogr. de pommes de terre, mais comme la vapeur est toujours plus ou moins saturée, et qu'il se produit des condensations sur les parois du cuiseur, il fallait compter pour 100 kilogr. de pommes de terre sur une production nécessaire de 25 kilogr. de vapeur.

Avec le premier chiffre, 1 kilogr. de tubercules exige donc pour sa cuisson de 127,4 à 106,1 calories, soit en moyenne, 116,75 calories, chiffre un peu plus élevé que celui que nous avons trouvé dans nos essais et que nous avons indiqué plus haut (94 calories).

Avec le second chiffre pratique que nous fournit Wüst, 1 kilogr. de pommes de terre, y compris les pertes du cuiseur exige 159,25 calories. Dans ce cas, qui correspond à un cylindre métallique, tournant sur tourillons horizontaux, le coefficient d'utilisation du cuiseur est de

$$\frac{116.75}{159.25} = 0.73$$

Dans nos exemples d'application précités, dans lesquels nous avons cherché à évaluer les pertes, on peut déterminer le coefficient d'utilisation du cuiseur :

A. — *Cuiseur en tôle, volume de matière à cuire : 1 hectol. 91.*

1° Pommes de terre.

Calories pour la cuisson.... $125^k \times 94 = 11750$
Pertes dues au cuiseur................. $\underline{2263}$
14013

$$\text{Coefficient d'utilisation } \frac{11750}{14013} = 0.84$$

2° Seigle.

Calories pour la cuisson... $130^k \times 124 = 16120$
Pertes dues au cuiseur............... $\underline{2263}$
18383

$$\text{Coefficient d'utilisation } \frac{16120}{18383} = 0.87$$

B. — *Cuiseur en bois, volume de matière à cuire : 7 hectolitres.*

1° Cuisson de pommes de terre.

Calories pour la cuisson.... $450^k \times 94 = 42300$
Pertes dues au cuiseur................. $\underline{5454}$
47754

$$\text{Coefficient d'utilisation } \frac{42300}{47754} = 0.88$$

2° *Cuisson du seigle.*

Calories pour la cuisson... $530^k \times 110 = 58300$

Pertes dues au cuiseur................   5454

$$\overline{}$$

     63754

Coefficient d'utilisation $\dfrac{58300}{63754} = 0.91$

Le coefficient d'utilisation donné par Wüst est donc trop faible, et nous pouvons admettre le rendement thermique de 87 0/0 pour le cuiseur, c'est-à-dire que sur 100 kilogr. de vapeur, ou sur 100 calories fournies au cuiseur, 13 seront perdus pour la condensation, le réchauffement des parois, etc., et 87 seront réellement utilisés pour la cuisson.

Il est à noter d'ailleurs que ce rendement s'abaissera si l'on diminue le volume de matière mis à cuire, mais pas dans une forte proportion, ainsi qu'on peut s'en convaincre par les chiffres ci-dessus appliqués à des volumes de matière mis à cuire, de près de 2 hectolitres (rendements 87 et 84 0/0) et de 7 hectolitres (rendements 91 et 88 0/0).

§ 4. — Rendement des appareils à cuire.

Nous avons fixé précédemment les rendements moyens :

De la chaudière..........   28 0/0
Du cuiseur..............   87   »

le rendement total devra donc être en moyenne :

$$0.28 \times 0.87 = 0.243$$

soit 24 0/0.

C'est-à-dire que, toutes pertes comptées, les appareils à cuire les aliments du bétail, sur 100 kilogr. de combustible fournis ou sur 100 calories que peuvent dégager ces combustibles, en utilisent pratiquement 24, soit le quart; le reste (76 0/0) étant perdu par la cheminée, par rayonnement, par condensation sur les parois, refroidissement par l'air, etc., etc.

C'est un rendement élevé pour des appareils de chauffage.

§ 5. — Prix de revient de la cuisson.

Lorsqu'il s'agit de cuire 1 1/2 ou 2 hectolitres d'aliments, il faut compter sur une durée de deux heures, non compris le temps d'allumage. Cette indication, ainsi que la quantité de combustible néces-saire (bois ou charbon de terre) permet à chacun d'établir le prix de revient de la cuisson.

En voici d'ailleurs un exemple, basé sur un appareil du prix de 170 fr., devant fonctionner 150 jours par an, en faisant une ou deux opérations par jour, de 2 hectolitres à chaque cuisson :

1° *Frais annuels.*

Amortissement en 10 ans de 170 fr. à 4 0/0.   13 50
Service et entretien, comptés à 10 0/0..   17   »

     Total............   30 50

pour 150 jours.

     Soit, par jour............   0 fr. 203

2° *Frais journaliers.*

	Par jour	
	1 cuisson. 2 hectol.	2 cuissons. 4 hectol.
Frais fixes journaliers.....	0 20	0 20
Temps employé (ouvrier à 3 fr. par jour :		
3 heures.................	1 »	»
5 heures.................	»	1 50
Combustible (bois à 2 fr. les 100 kilogr.) :		
21 kilogr......	0 42	»
35 kilogr.................	»	0 70
Totaux.............	1 62	2 40
3° *Frais de cuisson, par hectolitre*............	0 81	0 60

Enfin, pour la mise en ébullition de 100 litres d'eau, dans une chaudière hémisphérique en fonte, il faut brûler deux bourrées à 10 fr. le cent, soit une dépense de 0 fr. 20 de combustible (1).

Ces données que nous avons pu établir à la suite d'expériences que nous avons eu l'occasion d'entreprendre récemment (et que chacun peut modifier dans chaque cas particulier, suivant les prix d'application), peuvent nous servir à déterminer des règles pour le jugement de ces appareils ainsi que pour rechercher les conditions économiques de leur emploi.

---

(1) En 1844, l'administration des *Parisiennes* cuisait, pour ses chevaux, du seigle dans l'appareil dit caléfacteur Lemare; d'après M. Lefour (*Journal d'Agriculture pratique*, 1844, p. 62) la cuisson de 6 hectolitres de seigle revenait à 1 fr. 10, soit 0 fr. 18 l'hectolitre, probablement rien que pour la dépense de combustible.

§ 6. — Du choix des appareils à cuire.

D'après le prix de revient de la cuisson d'un certain volume d'aliments, nous pouvons déterminer le rapport des différentes conditions de la machine, en les reportant aux unités choisies (prix d'achat, temps employé en heures, kilogrammes de combustible consommé; voici les coefficients à appliquer :

$$\text{Prix d'achat} \dots\dots\dots \frac{0.20}{170} = 0.0012$$

$$\text{Temps en heures} \dots\dots \frac{1.500}{5} = 0.3$$

$$\text{Kilogr. de combustible} \frac{0.70}{35} = 0.02$$

Appliquons cette méthode; supposons qu'on fasse l'essai, dans les mêmes conditions, de deux appareils cuisant 4 hectolitres d'aliments (on emploiera les mêmes aliments et combustibles) et qu'on trouve les résultats suivants :

	Appareils	
	X	Z
Prix d'achat	120 fr.	170 fr.
Temps employé	3h 1/2	3h
Combustible consommé	50k	30k

Pour déterminer la valeur pratique relative des deux appareils X et Z (à égalité de cuisson, de délicatesse et de sécurité de fonctionnement, qu'il n'y ait pas possibilité, par exemple, de brûler les aliments, etc.), il suffit de multiplier les valeurs constatées dans les essais par les coefficients ou rapports donnés plus haut (pour les appareils de 4 hectolitres); on additionnera ces produits et l'appareil qui donnera le chiffre le plus faible sera considéré comme le meilleur. En voici l'application :

	Appareils	
	X	Z
Prix d'achat ($\times$ 0.0012)	0.144	0.204
Temps employé ($\times$ 0.3)	1.050	0.900
Combustible nécess. ($\times$ 0.02)	1.000	0.600
Totaux	2.194	1.704

Dans notre exemple, l'appareil Z se place avant l'appareil X, dans le rapport de 1704 à 2194 ou dans les rapports économiques suivants :

Frais de l'appareil Z =	100	77.6
— X =	128.8	100
Différence	28.8	22.4 0/0

Telle est la méthode que nous pouvons proposer pour juger les appareils à cuire les aliments, ou pour choisir entre plusieurs appareils.

§ 7. — Conditions économiques de l'emploi des appareils à cuire les aliments.

Un autre problème, très intéressant pour la pratique courante, consiste à déterminer à partir de quel moment un appareil à cuire est d'un emploi économique, ce qui, à notre connaissance, n'a pas encore été indiqué, car on se contente, lorsqu'on parle de ces appareils, d'énoncer seulement que leur emploi est avantageux.

En prenant les coefficients d'utilisation cités dans le chapitre I, page 26. (Expériences de Weber, Dudgeon et Walker), nous pouvons admettre que l'effet utile, au point de vue zootechnique, d'un aliment cru étant représenté par 1, celui du même aliment cuit, pourra être représenté par 1,5 (inutile de dire que nous ne considérons ici que les matières amylacées, c'est-à-dire les aliments dont la digestibilité est augmentée par le fait de la cuisson).

L'opération cessera d'être économique lorsque le prix de l'aliment cuit, rapporté à son coefficient d'utilisation, sera égal ou supérieur à celui de l'aliment cru.

Prenons comme exemple les cours indiqués pour les pommes de terre, dans le *Journal d'Agriculture pratique* du 11 janvier 1894 :

Hollande, les 1,000 kilogr...	85	à 100	francs.
Magnum bonum	55	à 50	—
Saucisse rouge	70	à 80	—
Early rose	70	à 60	—

et fixons le prix moyen à 75 fr. les 1,000 kilogr. (ou les 15 hectolitres), prix du marché de Paris.

On peut faire le calcul suivant :

1° *Aliment cru*, 1500k à 75 fr.		112 50
2° *Aliment cuit* (équivalence, 1000 k.) :		
Aliment, 1000 k. à 75 fr.	75 fr.	
Frais de cuisson :		
2 hectol. par jour à 0 fr. 80 l'hectol.	12	»
4 — — 0 fr. 60 --	»	9
Totaux	87	84

Ainsi, dans cet exemple, au lieu de

dépenser, 112 fr. 50 de pommes de terre pour l'alimentation d'un certain nombre d'animaux, la cuisson permet d'obtenir le même résultat zootechnique avec une dépense de 84 fr. ou de 87 fr. suivant la quantité travaillée par jour, soit une économie réalisée de 22 à 25 0/0.

Nous pouvons généraliser cette méthode et chercher la *limite de l'emploi économique des appareils à cuire.*

Si P est le prix, à l'unité de poids, d'un aliment cru.

F, les frais de cuisson de 100 kilogr., il faut, à la limite, que :

$$150\,P = 100\,P + F$$

ou

$$50\,P = F \qquad (1)$$

C'est-à-dire que les frais de cuisson de 100 kilogr. doivent être équivalents au prix de 50 kilogr. de cet aliment cru.

Or, nous connaissons les frais f nécessités en moyenne par la cuisson d'un hectolitre (0 fr. 80 ou 0 fr. 60, suivant les cas) ; si q est le poids d'un hectolitre d'aliment cru, on peut poser que les frais F de cuisson de 100 kilogr. sont :

$$F = \frac{100}{q}\,f$$

Comme le poids moyen q d'un hectolitre d'aliments varie dans de très faibles limites, on peut chercher les valeurs de F, en fonction de f, afin que l'égalité

$$50\,P = F \qquad (1)$$

permette de déterminer la limite économique de l'emploi des appareils à cuire, P étant le prix d'un aliment cru à l'unité de poids.

Les valeurs de F en fonction du poids de l'hectolitre et des frais f de cuisson, sont consignées dans le tableau ci-dessous :

Aliments.	Poids de l'hectolitre.	Frais de cuisson des 100 kil. pour une cuisson journalière de	
		2 hectol.	4 hectol.
Pommes de terre	66ᵏ	1 21	0 91
Topinambours	66	1 21	0 91
Blé	80	1 »	0 75
Orge	70	1 14	0 85
Seigle	74	1 08	0 81
Maïs	70	1 14	0 85
Féverolles	86	0 93	0 70
Pois	80	1 »	0 75
Vesces	80	1 »	0 75

Si p est le prix des aliments aux 100 kilogr., il faut à la limite économique que l'on ait :

$$p = \frac{F}{0.5} = 2\,F \qquad (2)$$

Si p' est le prix des aliments à l'hectolitre, il faut à la limite économique que l'on ait :

$$p' = \frac{f}{0.5} = 2\,f \qquad (3)$$

Si nous fixons à F et à f les valeurs indiquées précédemment, en comptant les frais à 0 fr. 80 ou à 0 fr. 60 par hectolitre, nous trouvons comme limites les prix suivants :

Limite inférieure des prix des aliments, pour que l'emploi des appareils à cuire soit économique.

	Prix des aliments			
	Aux 100 kilogr.		A l'hectolitre.	
	Pour une cuisson journalière de		Pour une cuisson journalière de	
	2 hectol.	4 hectol.	2 hectol.	4 hectol.
Pommes de terre	2 42	1 82		
Topinambours	2 42	1 82		
Blé	2 »	1 50		
Orge	2 28	1 70		
Seigle	2 16	1 62	1 60	1 20
Maïs	2 28	1 70		
Féverolles	1 60	1 40		
Pois	2 »	1 50		
Vesces	2 »	1 50		

C'est-à-dire que la cuisson des aliments du bétail est toujours une opération économique, les prix des aliments étant toujours bien au-dessus de ceux consignés dans le tableau précédent.

Rappelons que le tableau a été dressé en adoptant le rapport de 1 à 1,5 de l'effet zootechnique entre l'aliment cru et l'aliment cuit, déduit des expériences de Weber, Dudgeon et Walker sur les pommes de terre, et en appliquant ce même chiffre aux grains divers, au sujet desquels nous ne croyons pas qu'il ait été fait de constatation.

En prenant le prix élevé de 20 fr. les 100 kilogr. de maïs (voir les cours du 26 avril 1894 du *Journal d'Agric. pratique:* Grenoble, 18 fr.) les 100 kilogr. de maïs cuit reviendraient à 21 fr. 14 (2 hectol. par jour) ou à 20 fr. 85 (4 hectolitres par jour), l'emploi des appareils à cuire serait donc encore économique si 100 kilogr. de maïs cuit étaient, ce qu'il y a lieu de croire, au point de vue zootechnique, équivalents à plus de 106 ou de 104 kilogr.

de maïs cru. Dans les conditions de maximum possible, il serait encore économique de cuire des grains à 30 fr. les 100 kilogr. (prix de cuisson 1 fr. 20 ou 0 fr. 90), car 100 kilogr. de grain cuit auront certainement plus d'effet utile que 104 ou 103 kilogr. de grain cru.

En résumé, la cuisson des matières amylacées destinées à l'alimentation du bétail est donc une opération des plus recommandables.

Inutile d'ajouter que les chiffres précédents ne doivent être pris en considération qu'avec les prix moyens qui ont servi à l'établissement des calculs, mais comme nous avons tenu à exposer la méthode, chacun pourra les modifier suivant ses conditions particulières.

Enfin il faut tenir compte que certains aliments tels que les marrons d'Inde, par exemple, n'acquièrent une valeur alimentaire qu'après une cuisson préalable. Le prix de revient de ces matières se compose des frais de cuisson, des frais de ramassage et de transport à la ferme.

SECTION III

DES APPAREILS A CHAUFFER L'EAU

CHAPITRE PREMIER

DES SOUPES

Dans beaucoup d'exploitations on alimente le bétail, en partie ou en totalité, avec des *soupes* ou buvées confectionnées en mélangeant ou en délayant des matières diverses dans de l'eau chaude ou bouillante.

Voici ce que disait à ce sujet en 1837 Gronier, professeur à l'école vétérinaire de Lyon dans son important article sur la *nourriture des bestiaux* (1).

« On fait, en Allemagne, des soupes dans lesquelles entrent du son, de l'avoine moulue, des pommes de terre, du turneps cuit et écrasé, de la farine de seigle, d'orge fortement salée. On fait prendre ces soupes tantôt chaudes, tantôt épaisses, tantôt presque fluides ; et dans ce dernier cas on les nomme *buvées* ou *lavailles*. Il est des grandes fermes où l'on a construit tout exprès des fourneaux pour ces préparations, et les avantages qu'ils offrent compensent largement les frais de combustible et de main-d'œuvre.

« Ce ne sont pas seulement les bêtes bovines, mais encore les bêtes à laine et même les chevaux, que, dans la Flandre, on alimente avec avantage en leur donnant pour toute nourriture des soupes de fourrage dont la pomme de terre est la base. Ce tubercule est râpé, jeté dans une cuve avec de la paille et du foin hachés ; on y dirige de

la vapeur. Quand tout est cuit on laisse refroidir et l'on apporte au bétail. Pas d'autre nourriture, l'hiver comme l'été, que ces soupes, dont seulement on varie la composition. Il en est dans lesquelles n'entre pas un brin de foin, et cela par la raison qu'en quelques fermes de ce pays on n'en récolte pas du tout, pas plus de naturel que d'artificiel. »

Et plus loin, il ajoute :

« Les soupes, dit M. Moll, sont des fourrages quelconques coupés ou hachés, que l'on fait cuire ou seulement tremper dans de l'eau bouillante pour les ramollir et les rendre plus nourrissantes. Ceux qu'on emploie le plus souvent à cet usage sont : les les balles de grains et les siliques de colza (deux aliments qui, en bon état, ont presque la valeur du foin), puis de la paille et du foin hachés. On y joint des pommes de terre cuites, des tourteaux, du grain concassé, du son, etc. Les soupes conviennent seulement aux vaches laitières et aux bêtes à l'engrais, et encore faut-il toujours que la moitié ou le tiers de la nourriture soit en foin ou paille entiers et secs.

« Dans le Lyonnais, les vaches laitières reçoivent pendant l'hiver huit à dix fois par jour ce qu'on appelle une *bachassée*, c'est-à-dire un mélange d'herbes de toute espèce ramassées dans les vignes, les jardins, le long des haies avant que la neige ait couvert la terre, et, après ce moment, on a la ressource des choux qu'on cultive en abondance

---

(1) *Cours complet d'agriculture*, de L. Vivien.

auprès de chaque laiterie bien administrée; on jette le tout dans un vase de bois nommé *bachat* (qui a donné son nom à cette espèce de soupe); on y verse de l'eau bouillante.

« Les bachassées économisent une grande quantité de fourrage, elles plaisent beaucoup aux vaches, dont elles augmentent le lait.

« On donne dans ce pays le nom de *buvée* à de l'eau dans laquelle on a fait bouillir, ou seulement délayé de la farine d'orge, ou du sarrasin, ou des fèves.

« C'est aussi une buvée, l'eau où l'on a étendu des gâteaux d'huile (tourteaux, nougats), des marcs de raisin, des résidus de fabriques sucrés. »

Enfin, pour les eaux potables, on peut encore avoir recours aux appareils à chauffer. Voici ce qu'en dit M. A. Sanson dans le tome Ier de son *Traité de zootechnie* :

« La température de l'eau potable ne doit varier qu'entre + 10 degrés et + 15 degrés; dans ces limites, elle ne paraît pas froide en hiver et semble fraîche en été.

« De toutes les propriétés physiques de l'eau qui doit servir de boisson, celle-ci est le plus à considérer. Lorsque, en effet, l'eau ingérée dans l'estomac est trop froide, c'est-à-dire au dessous de + 10 degrés, elle occasionne un refroidissement subit dont les conséquences peuvent être funestes. Il arrive même, assez souvent, que l'effet immédiat en est tel sur l'estomac et les intestins, qu'il se manifeste par de violentes coliques. En tous cas, les boissons trop froides troublent plus ou moins la digestion. »

Or dans la plus grande partie des Etats-Unis, le service d'eau des fermes est assuré par des moulins à vent dont la pompe remplit un grand abreuvoir, constitué par une cuve tronconique en bois, qui a jusqu'à 4 et 5 mètres de diamètre et 1 mètre de hauteur. Afin d'empêcher l'eau de geler en hiver dans ces abreuvoirs, et pour la maintenir à une température voisine de + 10° à + 15°, les Américains ont été conduits à établir des appareils de chauffage qu'il est intéressant de connaître; en faisant subir à ces appareils quelques modifications de détail, on pourrait les employer à chauffer les eaux nécessaires à différents services, tels que : confection des soupes ou buvées destinées au bétail, chauffage des eaux de lavage des laiteries, etc.

A propos des eaux destinées à servir de boisson, nous rappellerons, pour mémoire, que, dans l'ordre d'idées des Américains, MM. Amiot et Bariat avaient présenté au Concours général agricole de Paris en 1894, un abreuvoir en tôle muni d'un système de chauffage ; il n'y a pas lieu de nous arrêter ici sur cet appareil qui, ne faisant pas partie des *machines et instruments agricoles*, doit être étudié dans les *constructions rurales*.

CHAPITRE II

APPAREILS A CHAUFFER L'EAU

Les appareils à chauffer l'eau et à la maintenir en ébullition ou à une température voisine de 100 degrés peuvent recevoir différentes applications industrielles. On en trouve un exemple dans l'appareil Ch. Crozat de Fleury et Moriceau, proposé pour la décortication de la ramie (1) ou pour l'écorçage de différentes tiges, et en particulier de l'osier (2) ; cet appareil consiste en une chaudière rectangulaire de 1^m,50 de long et de 0^m,55 de large, chauffée à feu nu (ou par tout autre dispositif) ; dans cette chaudière, on immerge pendant 3 à 15 minutes (suivant la marchandise à traiter et suivant son état), les tiges à écorcer, placées d'avance dans un panier en osier ou en tôle galvanisée.

On peut également employer les appareils que nous allons étudier pour chauffer l'eau nécessaire au lavage des ustensiles et appareils d'industrie laitière.

Nous pouvons considérer ces appareils comme annexes aux appareils à cuire les aliments du bétail, car ils sont quelquefois employés dans les exploitations américaines pour la préparation des soupes et des barbotages ; nous donnerons donc quelques types de ces appareils, que nous avons pu examiner au cours de notre mission aux États-Unis.

Les appareils à réchauffer l'eau sont déjà en usage chez nous dans les buanderies, les établissements de bains, etc. En laissant de côté, bien entendu, les chaudières à feu nu, que nous avons déjà examinées et en ne nous occupant que des appareils qui réchauffent l'eau (à une

température voisine de 100 degrés, mais sans atteindre l'ébullition), dans un bac ou un réservoir en bois ou en métal, nous pouvons les classer en deux catégories :

1° — Appareils à foyer, séparés du bac contenant l'eau à réchauffer.

2° — Appareils placés directement dans le bac contenant l'eau à réchauffer.

En principe, ces appareils de chauffage sont petits, comparativement à la masse d'eau à chauffer ; l'eau peut être indifféremment contenue dans un réservoir en métal ou en bois, mais qui n'est jamais disposé pour recevoir directement l'action du feu.

§ 1. — Appareils à foyer séparé.

Dans la première catégorie peuvent se ranger les appareils employés dans

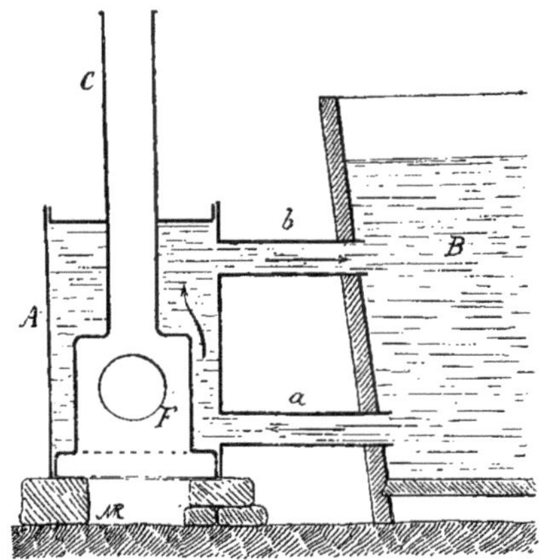

Fig. 46. — Appareil à chauffer l'eau par une chaudière séparée.

quelques buanderies, et qui reposent généralement sur le principe suivant : Une petite chaudière A, cylindrique, verticale (fig. 46), ayant environ la même hauteur (plutôt moins que plus) que le bac B, contenant l'eau à réchauffer, est

<hr>

(1) Exposition universelle — *Essais spéciaux de machines et appareils pour la décortication de la ramie.* — *Journal d'Agriculture pratique,* 1889, tome II, numéro du 3 octobre, page 496.

(2) *Sur l'écorçage de l'osier.* — *Journal d'Agriculture pratique,* 1894, tome II, numéro du 1er novembre, page 640.

munie d'un foyer intérieur F, terminé par la cheminée C; la chaudière est reliée au bac B par deux tuyaux horizontaux, l'un inférieur *a*, l'autre supérieur *b*. Lorsque l'appareil est en fonctionnement, l'eau froide circule dans le tuyau *a*, dans le sens indiqué par la flèche (c'est le même principe que pour les *thermosiphons* employés dans les

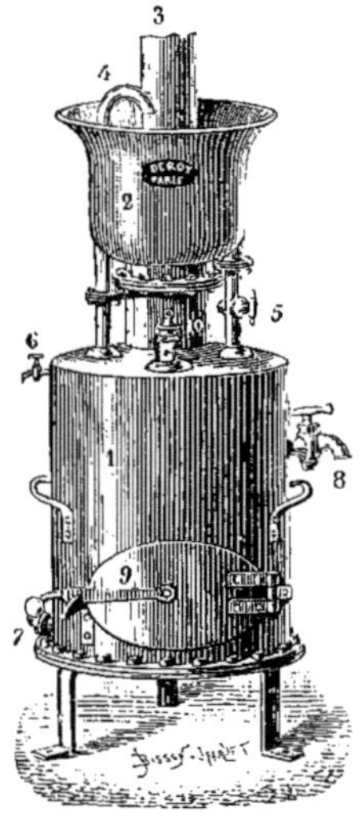

Fig. 47. — Appareil à chauffer l'eau (Deroy.)

serres pour le chauffage à l'eau chaude); l'eau chauffée au contact des parois du foyer diminue de densité (1), s'élève dans la chaudière A et retourne au bac B par le tuyau *b*. Comme on le voit, la chaudière est solidaire du bac contenant l'eau à réchauffer, et il doit y avoir deux joints

aux raccords des tuyaux *a* et *b*; la cuve B peut être en bois.

La chaudière A est petite, relativement à la masse d'eau B à chauffer, et comme l'eau chaude tend à s'élever, il faut donc que le dessus de la chaudière A soit en dessous, ou tout au moins au même niveau que le plan d'eau de la cuve B; on a intérêt à se tenir bien en dessous de ce plan, quand c'est possible, afin d'activer la circulation de l'eau et, par suite, la rapidité du chauffage, et non de mettre la chaudière au-dessus du plan comme on le voit dans certaines installations défectueuses.

Pour produire l'eau chaude nécessaire

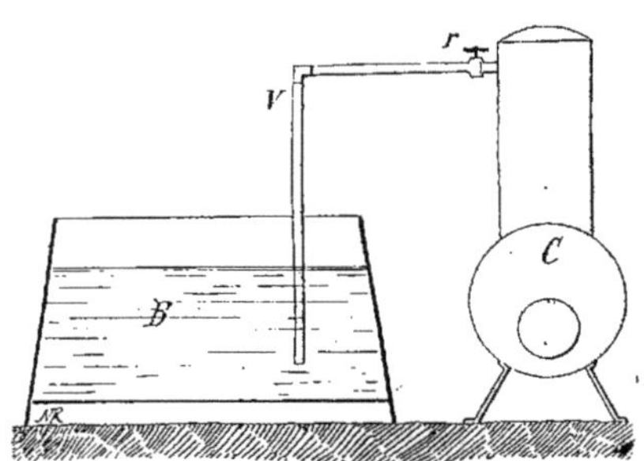

Fig. 48. — Appareil à chauffer l'eau par un jet de vapeur.

au nettoyage des futailles, les négociants en vins se servent d'un appareil représenté par la figure 47, dont voici le fonctionnement : l'eau d'alimentation est versée dans le réservoir 2, et arrive au fond de la chaudière 1, par le robinet 5 et un tuyau plongeur; le robinet de jauge est en 6, et peut-être remplacé par un tube de niveau d'eau dans les grands appareils. Dès que l'eau entre en ébullition, on est averti par le sifflet 10, et on peut soutirer l'eau chaude par le robinet 8. Le réservoir 2 doit toujours être plein d'eau; en même temps que l'on tire au robinet 8, on ouvre le robinet 5, afin d'introduire dans la chaudière, une égale quantité d'eau. En 4, est un tuyau de sûreté, recourbé dans le réservoir 2; ce tuyau, dont la partie inférieure plonge dans l'eau de la chaudière 1, limite la pression intérieure à quelques décimètres d'eau; au delà de cette pression, l'eau de la chaudière s'élève, pour se déverser dans le réservoir 2. On voit, en 9, la porte du foyer, en 3, la cheminée qui traverse le réservoir 2, afin de réchauffer

---

(1) Voici, à titre de renseignement, un tableau donnant la densité et le volume de l'eau à différentes températures (d'après Rosetti *Annuaire du bureau des longitudes*).

Temperature.	Densité.	Volume occupé par 1 kil.
4°	1.000.000	1.000.000
10°	0.999.747	1.000.253
20°	0.998.259	1.001.744
30°	0.995.765	1.004.253
40°	0.992.35	1.007.70
50°	0.988.20	1.011.95
60°	0.983.38	1.016.91
70°	0.977.94	1.022.56
80°	0.971.94	1.028.87
90°	0.965.56	1.035.67
100°	0.958.65	1.043.12

l'eau d'alimentation, et en 7, le tampon de nettoyage.

Au lieu d'employer le chauffage par l'eau chaude provenant d'une chaudière, on peut utiliser de la vapeur d'eau sous pression produite dans un générateur séparé, qui peut être analogue à ceux que nous avons déjà indiqués (pages 42-49. La figure 48 donne le schéma des appareils américains (F. Austin) ; la vapeur

provenant du générateur C arrive dans l'eau du bac B par le tuyau V ; un robinet r règle l'échappement.

Dans l'appareil américain « Dandy » de Henion et Hubbell (de Chicago), la chaudière, à pression, est verticale à foyer intérieur ; elle est munie des appareils de sûreté et pourvue d'une pompe verticale à levier, pour l'alimentation d'eau.

Avec la disposition de la figure 48, le

Fig. 49. — Appareil américain « New Northwestern ».

bac B, en bois ou en métal, est complètement indépendant de la chaudière C, et on n'a pas les inconvénients des joints de raccordement comme dans la figure 46 ; on peut employer un générateur quelconque, qui peut être celui de la locomobile de la ferme, et le bac peut être déplacé facilement pour les nettoyages, etc.

Pour compléter ces renseignements sur les appareils américains pour chauffer l'eau par un jet de vapeur, nous citerons le générateur dit « New-Northwestern ».

La chaudière A (fig. 49) de l'appareil de Thomas Cascaden, de Waterloo (Iowa) est locomobile, montée sur deux roux R et sur des patins-supports S ; on voit en F le foyer, en C la cheminée, en D le dôme de vapeur, en b le bouchon de remplissage, et en j les robinets de jauge. Du dôme de vapeur D part un tuyau t (avec robinet-valve), qui conduit la vapeur dans le récipient T contenant l'eau à chauffer ou les aliments à cuire. Des

poignées p permettent de soulever la chaudière et de la déplacer comme une brouette.

On peut également employer une

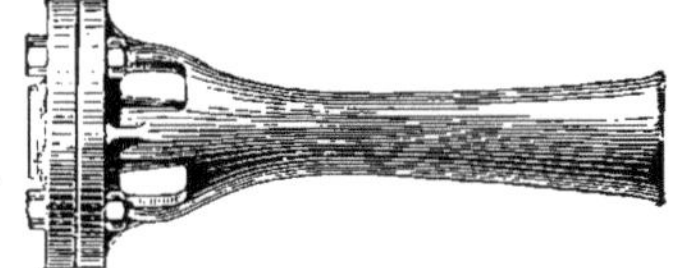

Fig. 50. — Barboteur (Schaeffer et Budenberg).

petite chaudière installée dans un massif, de maçonnerie ; nous en avons déjà donnée plusieurs exemples dans la description des appareils à cuire les aliments du bétail.

Si l'on se sert de la vapeur provenant de la chaudière de la machine à vapeur de la ferme, et si l'eau chaude est destinée à entrer dans la confection des rations destinées au bétail, il faut faire attention à ce que l'eau d'alimentation du générateur n'entraîne pas des huiles ou des graisses. Ces matières grasses peuvent communiquer à l'eau que l'on chauffe un goût désagréable aux animaux.

Au début de l'opération du chauffage du bac B (fig. 48), il se produit un bruit assez intense dû à la condensation de l'eau ; il en résulte également des chocs dans le tuyau de vapeur V et des projections du liquide. Pour supprimer cet inconvénient, on peut avoir recours à l'appareil appelé *barboteur*, représenté par la figure 50. La vapeur arrive par le centre de l'appareil et débouche par un ajutage conique enfermé dans une enveloppe dont la forme rappelle celle de l'injecteur ; l'eau est aspirée par des ouvertures ménagées sur la périphérie de l'enveloppe extérieure, et la vapeur la refoule par l'ouverture opposée, en produisant ainsi une circulation énergique. Le montage du barboteur est représenté par la figure 51.

Quant à la quantité de vapeur nécessaire pour chauffer une certaine masse d'eau, on peut la déterminer facilement en partant de ce principe que la vapeur abandonne à l'eau toute sa chaleur, c'est-à-dire 637 calories par kilogramme (supposé à 100°).

Si Q est le poids d'eau à réchauffer,

t la température initiale de l'eau,

T la température finale, que doit avoir l'eau après l'opération.

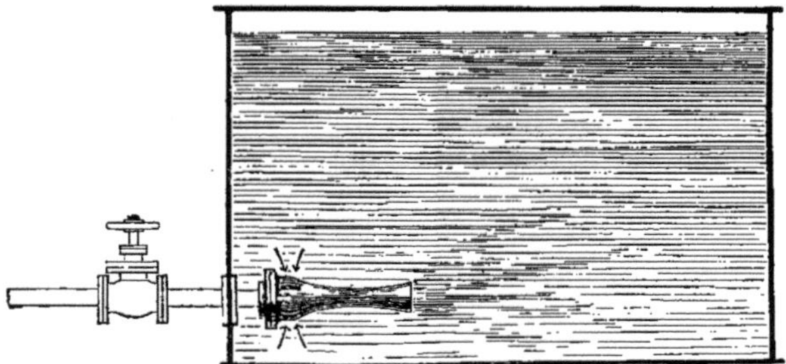

Fig. 51. — Montage du barboteur dans une cuve.

R le rendement thermique du bac,
V le poids de vapeur à employer,
On a :

$$V = \frac{Q\,(T - t)}{637\,R} \qquad (1)$$

Nous pouvons simplifier la formule (1) en calculant $\frac{1}{637\,R}$, sachant que nous pouvons fixer à 0,9 le rendement thermique du cuiseur, ainsi que nous l'avons déjà établi, et dans ce cas, on a :

$$V = 0.00174\,Q\,(T - t) \qquad (2)$$

Soit, par exemple, à élever 200 kilogr. d'eau d'une température initiale de + 10 degrés à une température finale de + 80 degrés, il faudra :

$$0.00174 \times 200 \times 70 = 24^k36 \text{ de vapeur.}$$

En reprenant notre chapitre relatif au *coefficient d'utilisation des chaudières*, nous voyons qu'on peut trouver le poids P d'un combustible qu'il faut brûler pour vaporiser un poids d'eau V :

$$P = n\,V$$

n étant un coefficient variable suivant les combustibles ; pour l'exemple que nous avons pris plus haut, s'il s'agit d'une

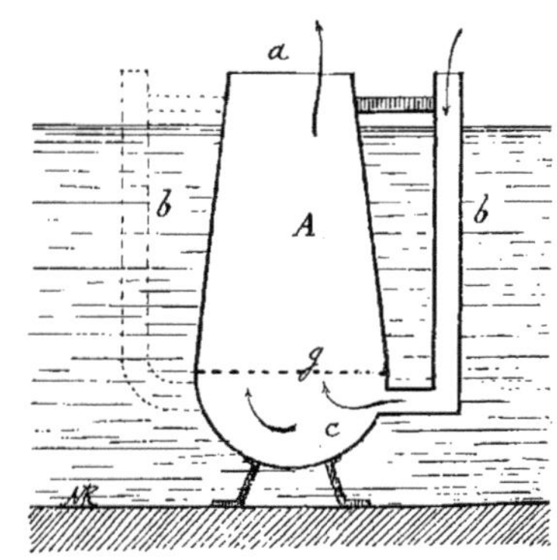

Fig. 52. — Appareil à chauffer l'eau.

chaudière chauffée au bois parfaitement sec, $n = 0,63$, il faudra avec l'appareil que nous examinons, brûler :

$$0.63 \times 24.36 = 15^k346 \text{ de bois.}$$

Ainsi, avec 15 à 16 kilogr. de bois, on

pourra réchauffer 200 litres d'eau de 10 à 80 degrés.

§ 2. — Appareils placés directement dans le bac.

Les appareils de la seconde catégorie (appareils qui sont placés directement dans le bac contenant l'eau à réchauffer)

présentent une plus grande variété de formes.

Dans certaines localités on emploie pour réchauffer l'eau des bains un appareil en cuivre battu composé d'un foyer A (fig. 52) qui porte une grille g ; l'air nécessaire à la combustion arrive dans le cendrier c par un ou deux tuyaux latéraux b à coude d'équerre ou arrondi. Les

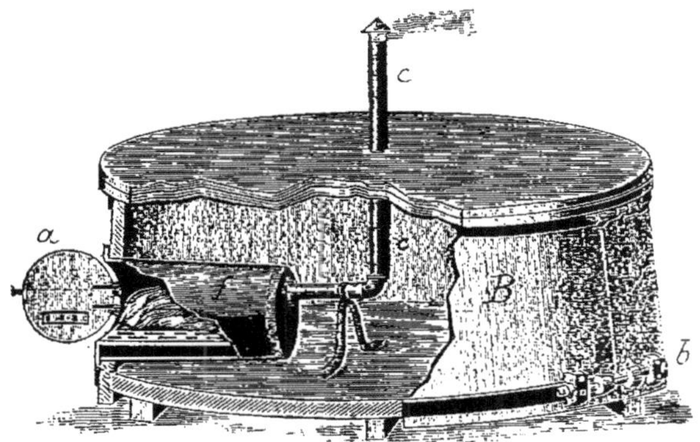

Fig. 53. — Appareil de la Winship Mfg. C°.

Fig. 54. — Appareil Avery

produits de la combustion se dégagent directement par l'orifice supérieur a du foyer, qu'un couvercle à poignées peut obturer plus ou moins ; cet orifice sert en même temps au chargement du combus-

tible qui est généralement du charbon de bois.

L'appareil est complètement indépendant du bac ; il repose simplement dans le fond et est retiré après le chauffage.

Les appareils de cette catégorie que nous avons vus en Amérique peuvent se classer en deux groupes :

a. Appareils solidaires du bac (le bac est percé d'une ouverture où l'on doit faire un joint).

b. Appareils indépendants du bac (ne nécessitant pas d'ouverture au bac, ni de joint).

a. Parmi les appareils du premier groupe nous pouvons citer celui de la Winship Mfg. C° de Racine (Wisconsin), dont la figure 53 donne une vue générale avec un arrachement de la cuve B ; le foyer *f*, en tôle, est chargé par la porte circulaire *a* ; les produits de la combustion s'échappent par la cheminée coudée *c c*. Il faut particulièrement soigner le raccord en *a* du corps *f* avec les parois de la cuve.

On voit en même temps dans la figure 53 le détail de construction de ces cuves en bois très employées aux Etats-Unis comme abreuvoirs ; les douves sont maintenues par des cercles en feuillard ou en fer rond à serrage réglable par des boulons *b*. Souvent ces appareils de chauffage sont adaptés aux abreuvoirs afin d'empêcher l'eau de geler dans les bacs et de pouvoir donner en plein hiver de l'eau tiède au bétail ; pour cette application on a recours à des appareils à combustion lente.

La figure 54 représente le dispositif de la Avery Planter C° de Peoria (Illinois). Le foyer F, tronc conique vertical, reçoit la grille G à sa partie inférieure ; le cendrier communique avec l'extérieur par une buse B, dont la face est garnie de la plaque A, munie d'une porte (*158*) coulissant verticalement pour régler le tirage ; cette porte est échancrée afin que complètement baissée elle laisse passer suffisamment d'air pour empêcher l'arrêt de la combustion. Le combustible se charge par le couvercle demi-circulaire, à charnières D ; en arrière se trouve le registre C surmonté par la cheminée qui est indiquée en pointillé sur la figure 54. L'entretien du foyer se fait par le couvercle D et par le cendrier B avec un ringard R à crochet (pour le foyer) et à plaque (pour le cendrier).

La figure 55 indique la coupe du montage de l'appareil Avery qui n'a avec les parois de la cuve E qu'un seul joint à la buse B du cendrier. Les parois intérieures et inférieures du foyer F sont garanties des coups de feu par une couche protectrice en amiante. Enfin l'appareil est en fonte et le foyer F est formé de deux parties raccordées par des boulons au cercle inférieur *n* qui supporte lui-même la grille G à une certaine hauteur au-dessus du fond du cendrier ; deux pattes *d* (fig. 54) permettent de boulonner ou de tirefonner l'appareil dans le fond du bac ou de la cuve.

b. Parmi les appareils du second groupe, indépendants, ou sans joints avec le bac qui contient l'eau à réchauffer,

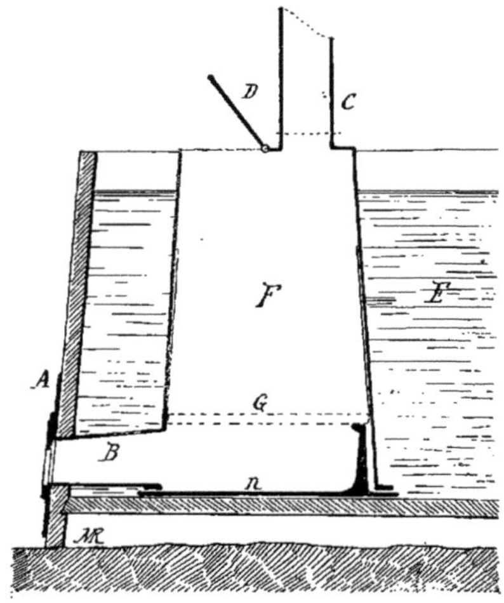

Fig. 55. — Coupe verticale de l'appareil Avery

nous mentionnerons les deux modèles suivants :

L'appareil manufacturé par Hunt, Helm et Ferris de Harvard (Illinois) (fig. 56) a une grille rectangulaire pour brûler toutes sortes de combustibles (bois, charbon, etc.), placée dans un foyer F cylindrique horizontal, en tôle, posé sur trois tasseaux. Le foyer, comme on le voit, est entièrement en dessous du plan d'eau, et communique avec le tuyau incliné B dont l'extrémité supérieure affleure le bord de la cuve A ; le combustible se charge en *a*, tandis qu'en *c* est un conduit cylindrique qui débouche sous la grille. L'orifice *a* se ferme par un couvercle à poignée D muni d'un registre correspondant au conduit *c* ; le foyer F est maintenu d'aplomb par une bride *b*, Une cheminée coudée *d*, supportée en *s*, complète l'appareil.

La figure 57 représente l'appareil en tôle galvanisée de la C⁰ Enterprise, de Sandwich (Illinois); c'est un appareil à combustion lente, le chargement de com- bustible se faisant par la cheminée en enlevant le chapeau supérieur. L'air nécessaire à la combustion rentre par un registre, suit le chemin indiqué par

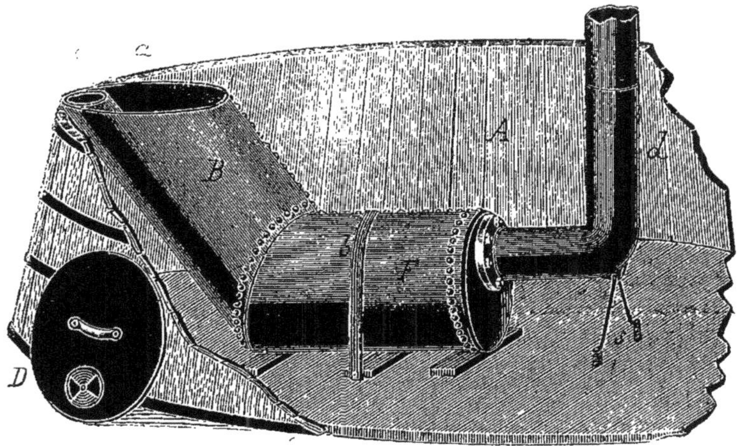

Fig. 56. — Appareil Hunt, Helm et Ferris.

les flèches, pénètre dans la chambre latérale, passe sous la grille, rentre dans le foyer proprement dit, et s'échappe par la cheminée qui est munie d'un registre pour régler la combustion.

Le corps principal dont la section est un rectangle à angles arrondis, est maintenu dans la cuve par une traverse aux extrémités de laquelle passent deux broches, tirefonnées dans le fond de la cuve ou maintenues à leur partie inférieure par des écrous serrés sous le fond du bac.

Cet appareil, à combustion lente, est surtout employé pour réchauffer en hiver les abreuvoirs, mais on pourrait très bien l'établir à combustion vive en ménageant une porte de chargement de combustible à côté de la cheminée, au-dessus de la grille.

Nous n'avons pu réunir des données suffisamment précises sur la quantité de combustible nécessitée par ces différents appareils américains pour élever la température d'une masse d'eau déterminée; nous pouvons néanmoins établir approximativement leurs conditions de fonctionnement.

Nous avons vu que les chaudières très simples employées pour produire la va-

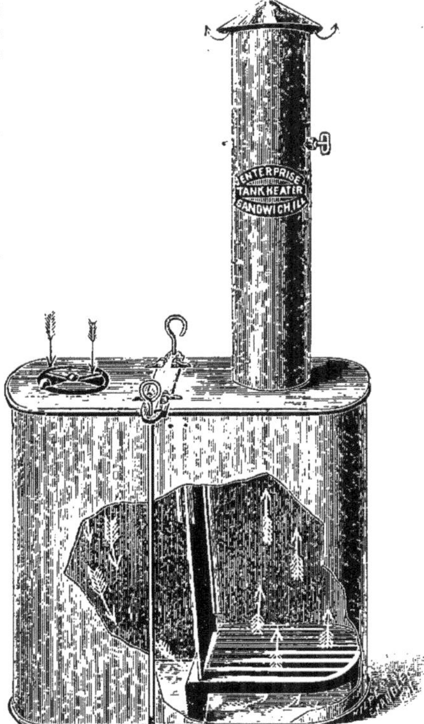

Fig. 57. — Appareil de la Sandwich Enterprise C⁰.

peur dans les appareils pour la cuisson des aliments du bétail, ont un rendement moyen de 28 0/0 ; étant donné que les appareils américains précités sont en définitive des foyers à tirage naturel, dont les parois sont complètement baignées par l'eau, nous pouvons, sans crainte d'erreur, adopter le chiffre de 50 0/0 comme rendement moyen,

Dans ces conditions, si

P est le poids de combustible d'une puissance calorifique C,
R le rendement moyen (0.50),
Q le poids d'eau de la cuve,
t la température initiale de l'eau,
T la température finale de l'eau,
r le rendement thermique de la cuve (0.90.)

on peut poser l'équation de condition :

$$P C R r = Q (T - t) \qquad (1)$$

Dans cette équation, nous pouvons admettre la constante R r égale à $0{,}5 \times 0{,}9 = 0{,}45$ et déterminer pour chaque combustible les valeurs de

$$C R r = 0.45 C = m$$

et la formule devient

$$P m = Q (T - t) \qquad (2)$$

pour laquelle les valeurs de m, et de son inverse, sont suivant les combustibles :

Combustibles.	Valeur du coefficient m.	Valeur de $\frac{1}{m}$.	Observations.
Bois, séché à l'air.............	1325.25	0.00077	Contenant 20 0/0 d'eau.
— parfaitement sec	1649.70	0.00062	Toute espèce de bois.
Tourbe première qualité.......	1350.00	0.00077	25 0/0 d'eau, 8 0/0 de cendres.
— ordinaire............	675.00	0.0015	— —
Lignites.....................	2475.00	0.00041	8 à 10 0/0 d'eau, 10 0/0 de cendres
— bitumineux...........	2700.00	0.00037	— —
Charbon de bois sec........ ...	3172.50	0.00032	Toute espèce de bois.
— — ordinaire.....	2700.00	0.00037	20 0/0 d'eau.
Houille, 1re qualité.......... ..	3172.50	0.00032	2 0/0 de cendres.
— 2e —	2855.25	0.00036	10 0/0 de cendres.
— 3e —	2669.40	0.00038	20 0/0 de cendres.
Coke pur.....................	3172.50	0.00032	— —

Supposons, par exemple, qu'il s'agisse d'élever de 10 degrés à 80 degrés un poids de 200 kilogr. d'eau en chauffant avec du bois parfaitement sec ; en appliquant l'équation (2), on a :

$$P = \frac{1}{m} Q (T - t) = 0.00062 \times 200 \times 70 = 8^{k}68$$

Il faudrait consommer avec ces appareils 8 à 9 kilogr. de bois, alors que pour la même quantité d'eau, nous avions trouvé avec les appareils de la 1re catégorie, à vapeur, une consommation nécessaire de 15 à 16 kilogr. de bois. La conclusion pratique que nous pouvons tirer de ce qui précède est que pour le même travail les appareils du type américain de la 2e catégorie (foyers placés à même la cuve à réchauffer) consomment la moitié du combustible qu'emploieraient les appareils à réchauffer l'eau par la vapeur sans pression (1re catégorie, chaudière séparée). — D'ailleurs pour les appareils de la seconde catégorie, il n'y a presque pas de perte de chaleur par rayonnement, et la perte par la cheminée peut être considérée comme équivalente dans les deux cas.

C'est une des raisons pour lesquelles nous avons tenu à décrire ici les appareils américains qui sont établis pour brûler des combustibles minéraux, mais qu'on pourrait modifier très facilement.

CHAPITRE III

CHAUFFEURS D'EAU AMÉRICAINS

Comme complément à l'étude précédente, nous pouvons dire quelques mots des appareils que les Américains désignent sous le nom de *chauffeurs d'eau* et

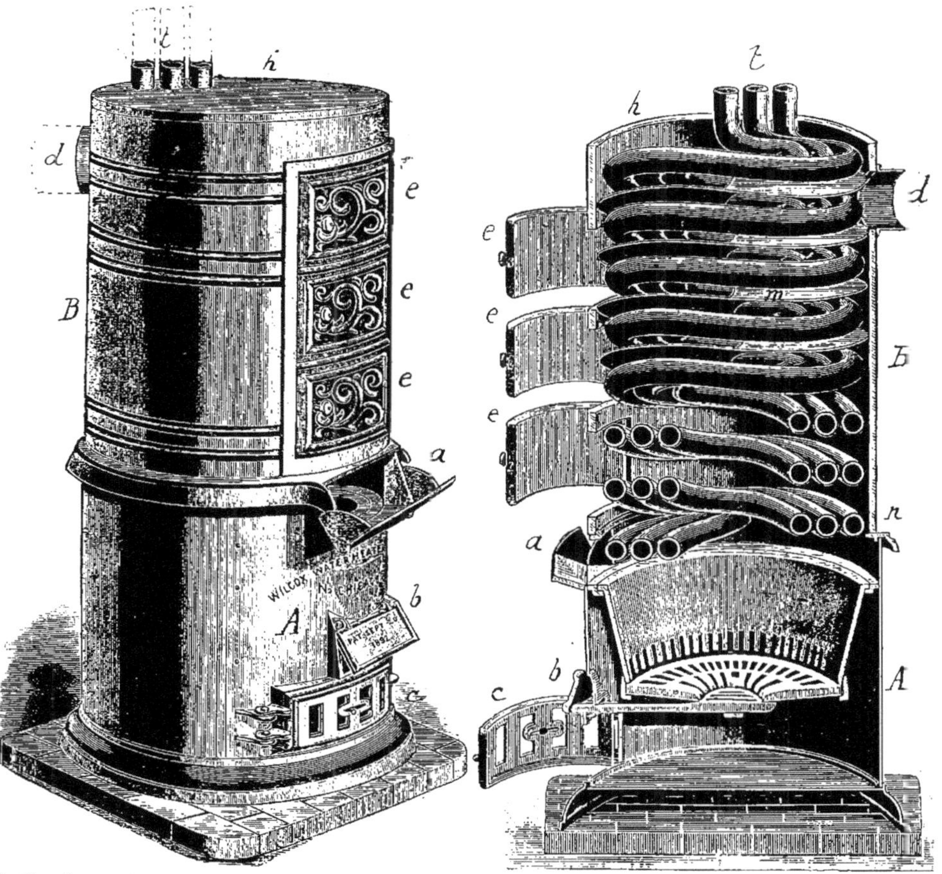

Fig. 58. — Vue extérieure du *furnace* simple (Wilcox Water Heater Cᵒ).

Fig. 59. — Coupe verticale du *furnace* simple.

dont les emplois sont si fréquents dans les habitations des villes comme dans celles des campagnes.

Aux États-Unis et au Canada, on a été conduit à imaginer des appareils de chauffage afin de lutter efficacement contre les froids des hivers habituellement rigoureux de ces régions. Dans la cave ou dans le sous-sol de chaque maison d'habitation est installé une sorte de calorifère, appelé *furnace*, qui élève l'eau d'une conduite à une température voisine de 100 degrés; la conduite parcourt les différents étages et les pièces de chaque étage (rez-de-chaussée et premier) et de place en place se trouvent les calorifères constitués par un certain nombre d'éléments formés chacun de tuyaux verticaux en U; il y a de 2 à 10 de ces éléments suivant la capacité à chauffer.

Ces tuyaux sont en fonte, à section elliptique; les axes ont environ 7 et 5 centimètres et 0^m,80 de hauteur; leur montage est facile, et indépendant de leur nombre, le premier et le dernier tuyau sont seuls d'un modèle spécial portant le raccord avec la conduite générale d'eau chaude; un robinet ou valve permet la circula-

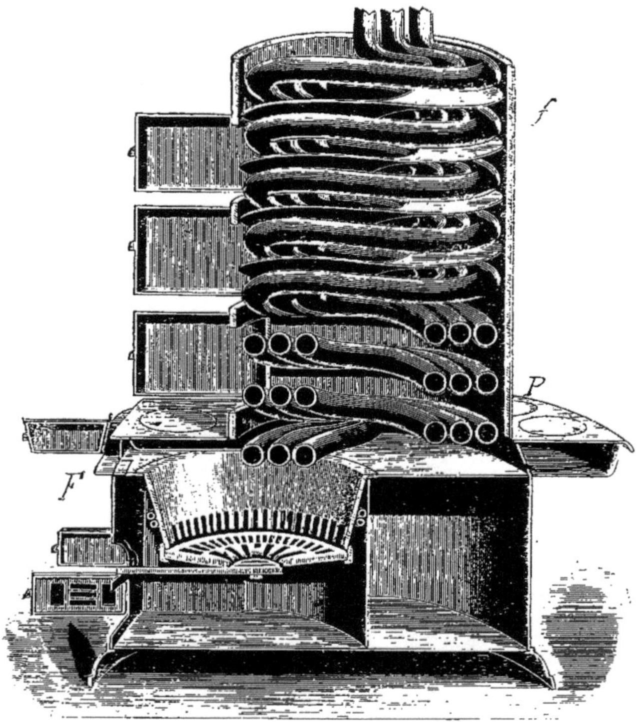

Fig. 60. — Coupe verticale du *furnace* combiné avec un fourneau de cuisine.

tion ou arrête le passage de l'eau chaude.

A l'extrémité de la canalisation l'eau est plus froide, et est ramenée au furnace par une conduite descendante.

Sans insister plus longuement sur la canalisation et les appareils calorifères, nous dirons quelques mots des chauffeurs ou furnaces en prenant comme type ceux de la Wilcox Water Heater C° de Chicago dont les appareils jouissent d'une excellente réputation.

L'appareil simple est représenté en vue générale par la figure 58; c'est un cylindre vertical en fonte, constitué par deux parties, l'une inférieure A ou foyer (à

combustion lente), l'autre supérieure B ou fourneau. On aperçoit en *a* la porte de chargement du combustible, en *b* la porte de manœuvre de la tringle pour décrasser la grille, en *c* la porte du cendrier, en *d* la cheminée. Le fourneau B est muni de trois portes *e*; il est fermé à sa partie supérieure par une plaque *h* traversée par un, deux ou trois tuyaux *i* d'où l'eau chaude, presque bouillante, se rend dans les différentes parties de la maison à chauffer.

La figure 59 donne la coupe de l'appareil et indique bien le foyer tronc-conique indépendant de l'enveloppe A; à l'intérieur la partie B est garnie d'amiante. L'eau arrive dans les tuyaux t par la partie inférieure, voisine du point n; les tuyaux sont enroulés en hélice et les spires supérieures sont séparées les unes des autres par des plaques hélicoïdales m, formant carneaux, afin d'utiliser le plus complètement possible la chaleur dégagée par le combustible.

La figure 60 montre (en coupe verticale) la combinaison de cet appareil avec un fourneau de cuisine (c'est celui qui est le plus employé dans les constructions rurales, le précédent étant plutôt réservé aux habitations urbaines). La disposition du fourneau seule est modifiée; le foyer F est reporté en avant du fourneau f; les produits de la combustion passent sous les plaques P avant de se rendre dans le corps vertical f qui renferme les tubes à eau chaude dont on voit le raccord de départ à la partie supérieure. Les parois intérieures sont garnies d'amiante.

La cuisine de la ferme se fait sur le fourneau P; aussi, en été, alors que le chauffage de l'habitation n'a pas besoin de fonctionner, un registre permet d'envoyer directement les produits de la combustion du carneau P dans la cheminée sans les faire passer par le fourneau f.

Les appareils précités utilisent, parait-il, 65 0/0 de la chaleur dégagée par le combustible. On pourra donc, avec ce renseignement et les méthodes précédemment exposées, calculer approximativement la quantité du combustible nécessaire pour chauffer à une température voisine de 100 degrés un certain poids d'eau; on pourra également calculer la quantité de chaleur dégagée par ce poids d'eau pour un abaissement déterminé de température. D'après ce que nous avons pu constater sur quelques appareils, l'eau de la conduite de chauffage quitte le fourneau à une température voisine de 85 à 90 degrés et y revient à une température d'environ 30 à 40 degrés; 1 kilogr. d'eau qui sort de l'appareil abandonne de cette façon de 45 à 60 calories utilisées pour le chauffage.

SECTION IV

DES BROYEURS DE TUBERCULES

CHAPITRE PREMIER

DU BROYAGE DES TUBERCULES

Les tubercules (pommes de terre et topinambours) qui sont destinés à l'alimentation et à l'engraissement du bétail, et en particulier des porcs, sont cuits dans les appareils décrits précédemment.

Après la cuisson il faut les piler ou les broyer, de façon à les réduire en bouillie, ou tout au moins à les écraser partiellement en brisant l'épiderme. Cette opération peut également s'appliquer dans certains cas aux carottes, turneps, betteraves, etc.

La résistance qu'opposent au broyage les matières cuites, et en particulier les tubercules, varie surtout suivant la température de la cuisson :

Pressions		Température correspondante
en atmosphères.	en kilogr. par centim. carré.	en degrés centigrades.
1	1.033	100°
2	2.066	121
3	3.099	134
4	4.133	144
5	5.167	152
6	6.198	159

On constate en effet que les pommes de terre cuites sous pression n'ont pas besoin d'être écrasées, alors qu'il est urgent de faire subir cette opération aux tubercules cuits à basse pression ; c'est donc une question de température, ainsi que l'indique le tableau ci-dessus.

Jamais l'intérieur du tubercule ne se met en parfait équilibre de température avec le milieu dans lequel il est plongé, mais les couches périphériques peuvent être considérées comme étant en moyenne élevées à une température très voisine de celle de ce milieu (à 5 ou à 10 degrés près).

Voici par exemple le relevé d'une série de nos expériences à ce sujet. Dans un récipient A (fig. 61) contenant de l'eau bouillante est maintenue une pomme de terre B au centre de laquelle est placé le réservoir d'un thermomètre t dont la base est protégée des projections d'eau par un cône métallique C. Un thermomètre t' plongé dans le récipient A permet de surveiller et de régler le chauffage afin de maintenir constante la température de l'eau.

L'eau étant à 100 degrés, on y plonge la pomme de terre qu'on fixe dans la position représentée dans la figure 61 et de 5 en 5 minutes on note la température du centre du tubercule, indiquée par le thermomètre t :

	Tubercules			
	1	2	3	Moy.
Longueur (millimètres)	78	75	74	75.6
Largeur —	50	49	51	50
Epaisseur —	38	42	43	41
Poids en grammes :				
Avant la cuisson......	80	80	94	84.6
Après la cuisson......	80	80	94	84.6

Températures :

Aux temps :				
0′	21	21	21	21
5′	73	69	67.5	69.8
10′	86	84	81.5	83.8
15′	91	90	89	90
20′	91.5	91.5	93	92

La même expérience peut se faire en plaçant le tubercule B (fig. 62) dans une

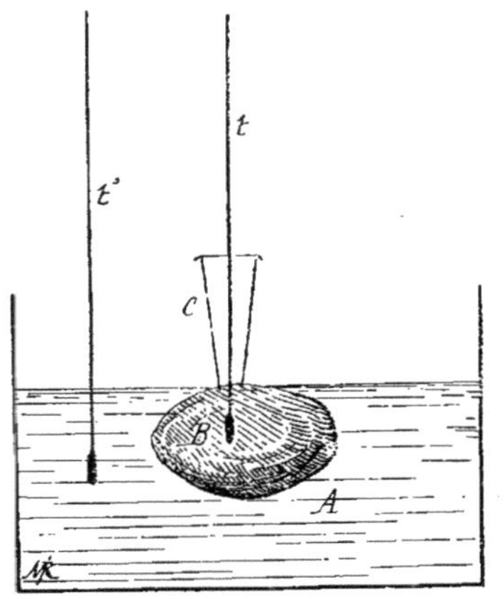

Fig. 61. — Expérience de cuisson des pommes de terre à l'eau bouillante.

hausse H, comme dans le cas de la cuisson à la vapeur sans presssion, disposition qui nous met dans les conditions des appareils à cuire les plus employés.

Voici les résultats des constatations de cette série d'expériences :

	Tubercules			
	4	5	6	Moy.
Longueur (millimètres)	74	74	73	73.6
Largeur —	50	50	50	50
Epaisseur —	40	36	42	39.3
Poids en grammes :				
Avant la cuisson	83	74	82	79.6
Après la cuisson	83	74	82	79.6

Températures :

Aux temps :				
0′	22.5	21.5	21.5	21.8
5′	38	38.5	39	38.5
10′	51	50	54	51.6
15′	63	59	63	62.3
20′	69	62	69	66.6
25′	71	64	71.5	68.8
30′	72.5	65	73	70.1
35′	74	72	74	73.3
40′	78	82	81	80.3

Ainsi que nous le disions plus haut, la température intérieure des tubercules cuits à la vapeur sans pression (nᵒˢ 4, 5 et 6) est plus faible que celle des pommes de terre cuites à l'eau bouillante (nᵒˢ 1, 2 et 3). Au bout de 20 minutes, les premières sont à 66°,6 en moyenne, alors que les secondes ont une température de 92 degrés, soit une différence de 25°,4. Dans les deux cas les tubercules étaient bien cuits, mais dans la première série d'expériences à l'eau bouillante, il a suffi de 20 minutes, alors que dans la se-

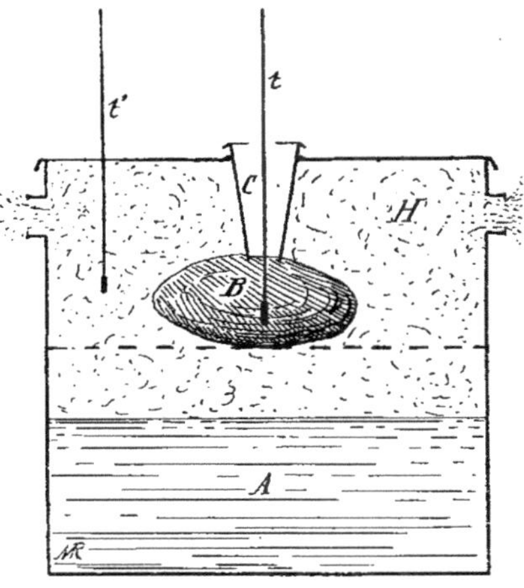

Fig. 62. — Expérience de cuisson des pommes de terre à la vapeur, sans pression.

conde, à la vapeur sans pression, le temps a dû être porté à 40 minutes.

La différence de température se constate en comparant les moyennes, et le graphique (fig. 63) représente la marche de l'élévation de la température à l'intérieur des tubercules dans ces deux séries d'essais.

On conçoit que la température moyenne de cuisson puisse influer sur la résistance qu'opposent les tubercules au broyage, et que cette résistance sera d'autant plus faible que les tubercules ont été portés à une température plus élevée.

Pour mesurer la résistance à l'écrasement, j'ai employé le dispositif suivant : le tubercule A (fig. 64), posé sur une pièce fixe B, reçoit la pression par un plateau C auquel on transmet l'effort F par l'intermédiaire d'un dynamomètre D et d'un cadre a.

Voici les résultats des expériences effectuées sur les tubercules désignés précédemment sous les numéros de 1 à 6.

Résistance à l'écrasement des tubercules.

1° Cuits à l'eau bouillante.

Efforts en kil. pour des compressions de	Tubercules			Moyennes.
	1	2	3	
5 millimètres	4^k	4^k	3^k5	3^k83
10 —	5	5	5.2	5.06
15 —	7	7	7	7

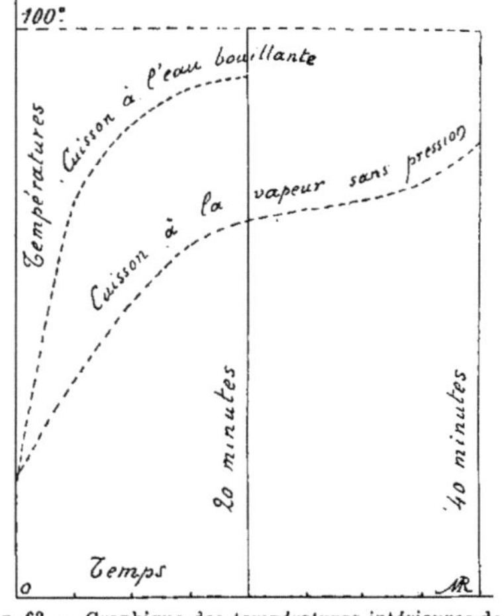

Fig. 63. — Graphique des températures intérieures des pommes de terre cuites à l'eau bouillante et à la vapeur sans pression.

2° Cuits à la vapeur sans pression.

Efforts en kil. pour des compressions de	Tubercules			Moyennes.
	4	5	6	
5 millimètres	6^k	5^k5	14	8^k5
10 —	12.5	6	(1)	9.25
15 —	12	7	(1)	9.5

(1) Ecrasé d'un seul coup.

Si l'on compare les deux moyennes, on voit que si l'on représente par 1 la résistance à l'écrasement des tubercules cuits à l'eau bouillante (température de 92°), celle des tubercules cuits à la vapeur sans pression (température de 80°,3) sera représentée par 2,2 (compression de 5 millimètres).

Il ne faudrait pas en conclure qu'il

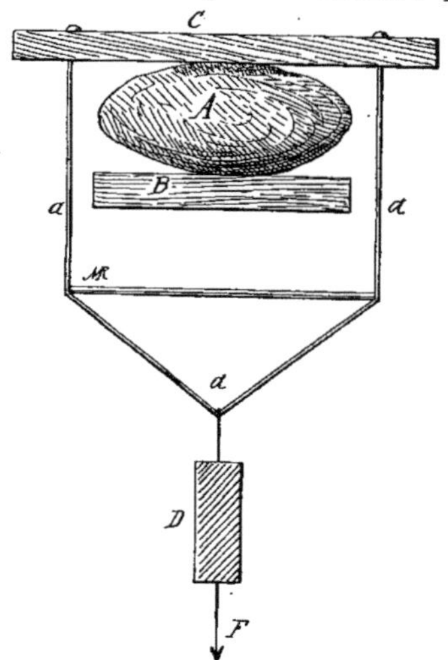

Fig. 64. — Essai de résistance des tubercules à l'écrasement.

faille cuire les tubercules à l'eau bouillante ou à la vapeur sous pression; si cela est possible pour traiter de petites quantités nécessaires à l'alimentation de l'homme, l'opération ne devient plus pratique lorsqu'il s'agit de cuire plusieurs hectolitres à la fois, destinés à l'alimentation des animaux domestiques.

CHAPITRE II

DESCRIPTION DES BROYEURS DE TUBERCULES

Le broyage des tubercules cuits s'impose surtout lorsque les appareils à cuire fonctionnent à la vapeur sans pression (et nous avons vu que ce sont les plus usités, les plus simples et les plus recommandables); il y a donc lieu d'examiner le travail du broyage et les machines employées ou qu'on peut proposer pour faciliter cette opération.

Ordinairement le broyage des tubercules se fait à la main, avec un pilon qu'on manœuvre verticalement dans des seaux, où mieux dans des auges (en bois, en métal, en pierres, etc.) où l'on décharge directement les cuiseurs.

Lorsque la quantité de tubercules à broyer est assez grande, on peut utiliser des machines établies pour ce travail. Nous avions pensé pouvoir employer à cet effet les broyeurs de pommes, à noix, mais une expérience faite à Grignon nous montra que ces machines étaient impropres à ce travail, broyaient trop les tubercules, et, faute d'appareils de net-

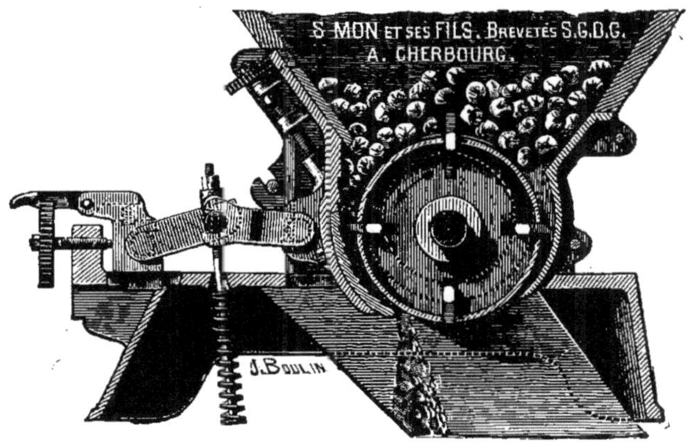

Fig. 65. — Coupe du broyeur Simon.

toyage, s'engorgeaient au bout de quelques tours. Dans cet ordre d'idées, les broyeurs de pommes à palettes, comme ceux de Simon ou d'Oilagnier, pourraient seuls convenir, en modifiant le réglage des palettes et des contre-plaques, car ici la pression nécessaire à l'écrasement est relativement faible comparée à celle qu'oppose une pomme à cidre.

Rappelons brièvement ces deux machines. Le broyeur Simon, comme l'indique la coupe verticale (fig. 65), se compose d'un axe horizontal solidaire avec un cylindre tournant dans une boîte en fonte, qui constitue la partie inférieure de la trémie d'alimentation. Le cylindre porte quatre rainures (tracées suivant les génératrices), dans lesquelles se meuvent des lames ou palettes qui entraînent les tubercules dans le sens indiqué par la flèche, et les brcient contre une plaque. Les palettes décrivent un cercle excentrique au cylindre en se rapprochant de sa paroi du côté de la contre-plaque de gauche, contre laquelle les pommes sont broyées. La figure montre la disposition des leviers combinés à ressort de rappel, qui poussent la contre-plaque vers le cylindre, et lui permettent de céder lors du passage d'une pierre ou d'un corps résistant. Une petite vis horizontale règle l'énergie de la pression et, par conséquent, la finesse du broyage.

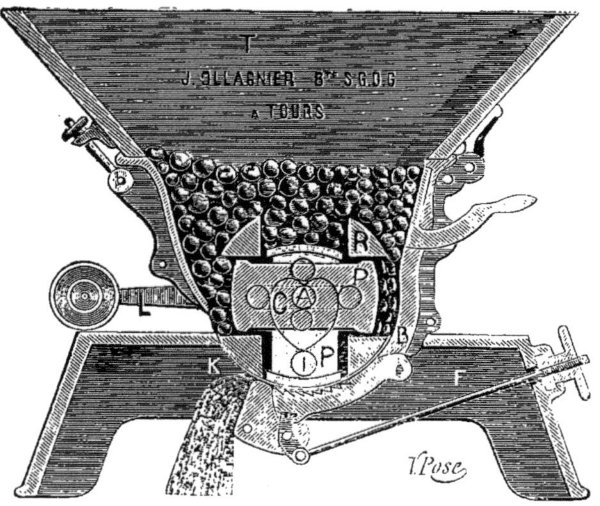

Fig. 66. — Coupe du broyeur Ollagnier.

Fig. 67. — Vue générale du broyeur Ollagnier.

La figure 67 donne la vue générale et la figure 66 donne la coupe du broyeur Ollagnier. Les organes de broyage sont constitués par des palettes P, entraînées par le cylindre R ; ces palettes se déplacent sous l'action de galets, commandés par une came intérieure C montée sur un axe fou A ; ainsi guidés par cette came, les palettes engendrent des volumes variables, qui vont en diminuant d'un côté B (travail de broyage des tubercules), et en augmentant d'un autre (prise des tubercules dans la trémie). Les tubercules jetés dans la trémie T, broyés contre la paroi B et le sommier articulé à la tige F, sortent à la partie inférieure. S'il se trouve une pierre, le déplacement relatif d'une des palettes P, par rapport au cylindre R, ne peut avoir lieu, la palette exerce une pression sur la came C, dont l'axe A, par une autre came extérieure, soulève le levier L et l'ensemble (palettes et cylindre) tourne avec le même mouvement jusqu'à ce que la pierre sorte par l'ouverture K ; après un tour, la came extérieure est arrêtée à nouveau par le levier du contre-poids L (1), et le jeu des palettes recommence. Enfin, si la pierre ne peut se loger dans les vides du cylindre R, elle arrête le mouvement de ce dernier, et le volant, monté à friction, tourne fou sur son axe.

Nous avons eu l'occasion d'expérimenter à la Station d'essais de machines un broyeur Ollagnier, et, en laissant de côté

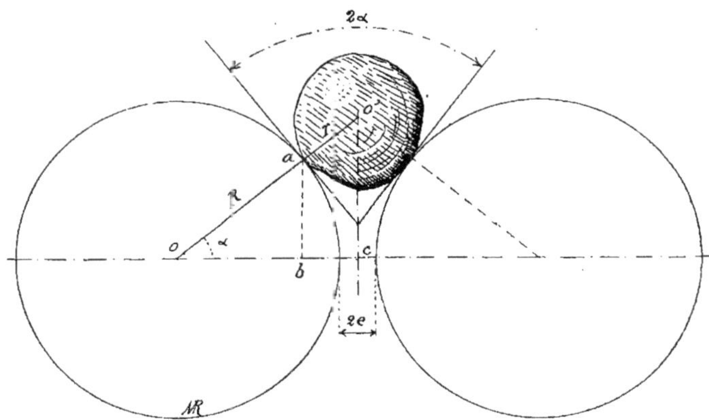

Fig. 68. — Principe des broyeurs à cylindres.

la question du travail mécanique dépensé, nous pouvons appliquer les résultats des expériences au nombre et au poids des tubercules broyés.

Dans cette machine, l'arbre à manivelles agissait sur l'arbre du cylindre par un pignon de 14 dents et une roue de 42 dents. Le cylindre avait $0^m,25$ de diamètre et $0^m,14$ de longueur. Les palettes, au nombre de quatre, avaient pour dimensions principales :

Largeur................... $0^m,095$
Longueur.................. 0.14
Jeu maximum pour la prise
    des pommes............ 0.054

Voici le résumé des résultats, basés sur le nombre de tubercules broyés (en moyenne 1,6 tubercule par palette) et en fixant à 0 kilogr. 08 le poids moyen d'une pomme de terre dont les dimensions sont comparables à celles des pommes qui étaient employées aux essais de la Station.

	Travail à	
	2 hommes aux manivelles.	1 homme à la manivelle.
Nombre de tours moyens par minute.............	49	32
Pommes broyées :		
Par tour.................	6.4	6.4
Par minute..............	313	204
Poids broyé par minute (une pomme de terre = 0^k08).	25^k	16^k

On peut également broyer les tubercules en les faisant passer entre deux cylindres lisses, ou légèrement striés, agissant à la façon des aplatisseurs de grains ; il faut que l'écartement $2e$ (fig. 68)

(1) Dans le modèle de 1895, le contrepoids est remplacé par des rondelles Belleville.

des cylindres soit plus petit que le petit diamètre $2\,r$ des tubercules. D'un autre côté, nous avons observé que l'angle $2\,\alpha$ de prise de ces tubercules doit être d'environ 20° (Nous avons trouvé 20 à 24° pour l'angle de frottement des tubercules cuits sur de la fonte lisse, soit un coefficient de frottement variant de 0,36 à 0,44); si l'angle $2\,\alpha$ est plus grand que 20°, les tubercules roulent sur eux-mêmes et ne sont pas entraînés par les cylindres; un angle $2\,\alpha$ plus petit que 20° conduit à augmenter inutilement le diamètre des cylindres, et par suite le prix de la machine.

: Connaissant cet angle α, l'écartement $2\,e$, le rayon r des tubercules, on peut chercher le rayon R des cylindres (en admettant pour simplifier que les deux cylindres du broyeur ont le même rayon).

En comparant les triangles semblables $o\,o'\,c$ et $o\,a\,b$, on a :

$$(1) \qquad \frac{R+r}{R} = \frac{R+e}{R\,\cos\alpha}$$

D'où l'on tire :

$$(2) \qquad R = \frac{r\,\cos\alpha - e}{1 - \cos\alpha}$$

condition dans laquelle e est plus petit que r, car le coefficient $\cos\alpha$, qui affecte le terme r dans le numérateur, est plus petit que 1.

Si l'on fait $\alpha = 10°$, en prenant différentes valeurs pour r et pour e, et en appliquant la relation (2) on trouve :

Diamètre des tubercules à broyer..	$0^m,04$	$0^m,06$		$0^m,10$	
Écartement $2\,e$....................	$0^m,02$	$0^m,02$	$0^m,04$	$0^m,04$	$0^m,06$
Rayon R des cylindres broyeurs...	$0^m,65$	$1^m,30$	$0^m,63$	$1^m,95$	$1^m,28$

Comme on le voit, ce mode de procéder conduit à des machines trop volumineuses; il est vrai qu'on pourrait au besoin réduire un peu le diamètre des rouleaux à la condition de strier légèrement leur surface, mais en tous cas il

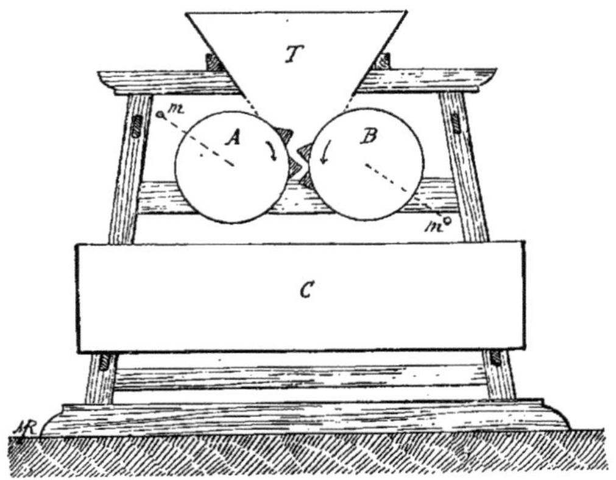

Fig. 69. — Broyeur de Braunsfelser.

n'est pas prudent de descendre au-dessous d'un mètre de diamètre, et il faut accoupler les rouleaux par un train d'engrenages afin que l'entraînement de l'un d'eux ne se fasse pas, comme dans les aplatisseurs de grains, par la marchandise à broyer.

En Allemagne on se sert de broyeurs à cylindres cannelés (broyeur de Braunsfelser, de H. Cegielski, à Posen). Les cylindres A et B (fig. 69) mus chacun par une manivelle m, sont garnis sur leur surface de cannelures à section triangulaire. Les tubercules sont jetés dans la trémie T et tombent broyés dans un coffre inférieur C.

On pourrait réunir les axes A et B par deux roues dentées afin d'équilibrer les résistances sur les manivelles; enfin on pourrait peut-être utilement constituer

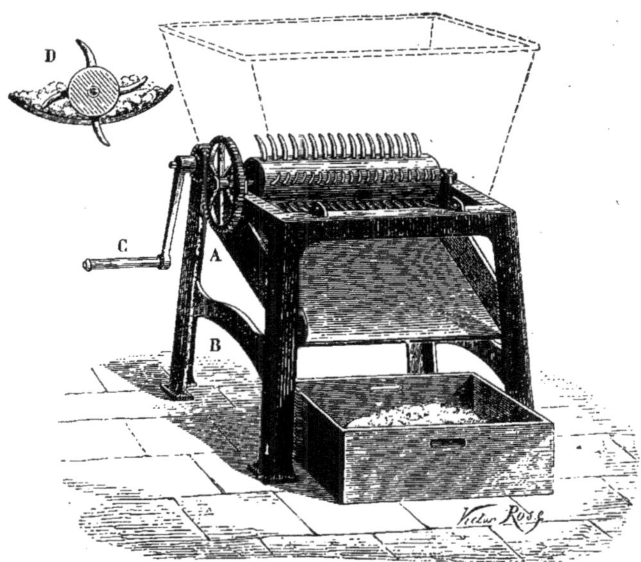

Fig. 70. — Broyeur de tubercules de Pecard. — A gauche, coupe du cylindre broyeur.

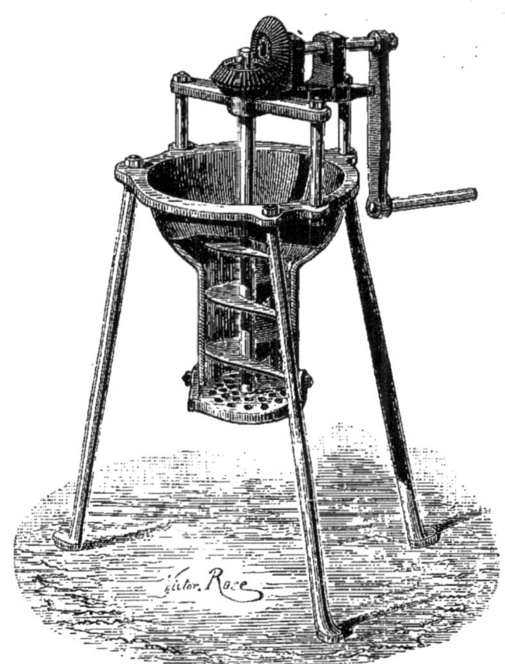

Fig. 71. — Broyeur de tubercules de Maréchaux-Pilter.

les cannelures en bois dur et lisse qu'on mouillerait de temps à autre pour diminuer l'adhérence des matières et faciliter par suite le dégagement des organes de broyage.

Les cylindres ont généralement 0ᵐ, 30

de diamètre, 0ᵐ, 20 de largeur et tournent à raison de 35 tours par minute. D'après ces dimensions nous pouvons déterminer approximativement le débit de la machine, en admettant, d'après nos constatations, qu'il faut développer une surface d'environ 2 décimètres carrés pour broyer une pomme de terre du poids moyen de 0 kil. 080. (Dans ces conditions un tubercule présentant une surface de section de 0 déc. 3, son épaisseur de 0ᵐ,04 se réduit à 0ᵐ,006).

La circonférence d'un cylindre est de 0ᵐ,94, la surface développée par minute est :

$$9.4 \times 2 \times 35 = 658 \text{ décimètres carrés,}$$

le nombre de tubercules qui peuvent être broyés par minute :

$$\frac{658}{2} = 329$$

et le poids broyé par minute :

$$329 \times 0.08 = 26^k32.$$

En admettant un travail de 45 minutes par heure (à cause des différents arrêts), le poids des tubercules broyés par heure est :

$$26 \times 45 = 1,170 \text{ kilogr.}$$

Pour traiter une semblable quantité, la machine doit être desservie par deux hommes, un à la manivelle et un à l'alimentation et au déchargement des produits broyés.

Citons enfin les broyeurs de tubercules de Pécard et de Maréchaux.

Le broyeur Pécard, représenté par la figure 70, est formé d'un cylindre D garni de longues dents courbes (dont le détail est donné à gauche du dessin), qui passent entre les barreaux d'une grille formant le fond de la trémie. Les tubercules sont triturés entre ces dents et les barreaux de la grille, et les produits tombent sur un plan incliné, maintenu par le bâti B. Le cylindre est mis en mouvement par une roue A et un pignon, sur lequel agit la manivelle C.

La figure 71 représente le broyeur Maréchaux-Pilter : une manivelle commande, par engrenages cônes, un arbre vertical, lequel porte, venues de fonte, les spires d'une vis que laisse voir la coupe du dessin. Les tubercules, déversés dans la trémie hémisphérique supérieure, sont entraînés par la vis qui les presse contre le fond perforé du cylindre vertical, au travers duquel ils sortent en pulpe.

CHAPITRE III

TRAVAIL DES BROYEURS DE TUBERCULES

Nous avons vu, d'après nos essais, qu'il suffit, pour le broyage, d'une pression P (fig 72) de 10 kilogr. par tubercule (cas des pommes de terre cuites à la vapeur sans pression). Le travail mécanique utile t dépensé pour le broyage d'un tubercule a donc pour expression :

$$t = P h.$$

Pour une pomme de terre du poids

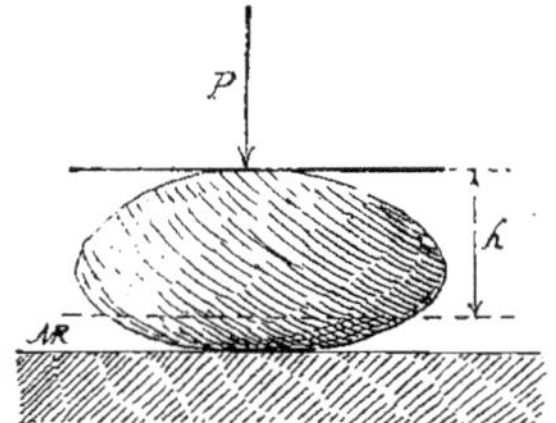

Fig. 72. — Travail du broyage des tubercules.

moyen de 0 kil. 08 (longueur moyenne 0,075, largeur moyenne 0,050), en fixant h à $0^m,03$, on a :

$$t = 10 \times 0.03 = 0.3,$$

soit environ 4 kilogrammètres par kilog. de tubercule. En fixant à 40 0/0 le rendement mécanique de la machine, afin de tenir compte de ses résistances passives, le travail mécanique total pour broyer un kilogr. de tubercules est de

$$\frac{4}{0.4} = 10 \quad \text{kilogrammètres.}$$

En travaillant 8 heures par jour, un homme pouvant donner pendant son action et par seconde :

> 6 kilogrammètres, lorsqu'il travaille à la journée,
> 9 à 10 kilogrammètres, lorsqu'il travaille à la tâche,

pourra broyer par minute :

36 kilogrammes, lorsqu'il travaille à la journée, 54 à 60 kilogrammes, lorsqu'il travaille à la tâche.

Le dernier débit indiqué conduirait à donner de trop grandes dimensions aux machines à broyer.

Par suite des dimensions des machines, on peut compter sur un travail pratique égal aux 0,75 du premier chiffre, c'est-à-dire qu'un homme peut broyer 27 kilogr. de tubercules cuits par minute, ou 1,200 kilogr. à l'heure (en admettant un travail de 45 minutes par heure).

DES ATELIERS DE PRÉPARATION MÉCANIQUE DES ALIMENTS DU BÉTAIL

La préparation mécanique des aliments du bétail s'effectue aujourd'hui dans bon nombre d'exploitations agricoles; elle consiste dans la division des fourrages, des racines et des tubercules; le concassage ou le broyage des grains, des tourteaux ou des tubercules cuits; la cuisson des racines et des tubercules, etc.

La division des aliments, au moyen de machines spéciales, permet de faire consommer certains produits avariés ou de qualité médiocre qui sans cela seraient en partie perdus. La préparation mécanique facilite les mélanges d'aliments, lesquels isolés seraient ou refusés ou mal utilisés par le bétail; c'est ainsi que l'on confectionne d'excellentes rations alimentaires en mélangeant, puis en laissant légèrement fermenter des fourrages coupés avec des racines débitées au coupe-racines.

CHAPITRE PREMIER

ATELIERS MUS PAR UN MANEGE

Dès que l'exploitation compte une vingtaine de têtes de bétail, il est recommandable d'avoir une petite installation fonctionnant à l'aide d'un manège. La fig. 73 représente un de ces ateliers comprenant un manège à terre dont l'intermédiaire peut actionner, par courroie, un dépulpeur et un concasseur, tandis que le hache-paille, placé en arrière de l'intermédiaire, est commandé par un arbre à joints.

La fig. 74 donne un autre exemple d'installation actionnée par un manège A. L'intermédiaire B commande 1° par les courroies X et Y, un aplatisseur-concasseur C et un hache-paille D, 2° par un arbre Z, un dépulpeur E.

Le manège est ordinairement placé à l'extérieur avec un arbre à terre perpendiculaire au bâtiment qui contient les machines. Très rarement la construction sera assez large pour abriter le manège.

Les machines actionnées par le manège fonctionnent généralement consécutivement; afin de diminuer les courroies, il est bon d'employer l'intermédiaire à plaque tournante de Lanz (fig. 75). Le manège A (fig. 76) commande l'intermédiaire B qui porte une ou deux poulies de commande ; les machines diverses $m\,m\,m$ ont une direction radiale par rapport à l'axe de l'arbre vertical de l'intermédiaire B, et sont placées à des écartements e tels que la même courroie puisse servir pour

L'emploi de courroies à l'extérieur n'est pas recommandable par suite des

Fig. 73. — Vue d'ensemble d'un atelier mû par un manège à terre (Woods et Cocksedge-Pilter).

Fig. 74. — Vue d'ensemble d'un atelier mû par un manège à terre.

les actionner (cet écartement e dépend du diamètre des poulies et de la longueur de la courroie).

Lorsqu'on utilise un manège en l'air M (fig. 77) il est bon de transmettre la puissance par un arbre horizontal a qui peut souvent recevoir directement, à l'intérieur, les poulies p de commande des machines de préparation des aliments.

variations de longueur qu'elles peuvent subir sous l'action des intempéries (les courroies en cuir s'allongent plus que celles fabriquées avec des fibres diverses (végétales ou animales.)

Si toutefois l'on tenait à utiliser un manège en l'air, à transmission par courroie, il faudrait abriter cette dernière par un petit comble t (fig. 78) recouvert de bois, de carton bitumé, de chaume, d'ardoises, etc., dont le faitage f repose d'un côté dans le mur du bâtiment et de l'autre sur une solive s maintenue par deux poteaux p placés en dehors de la piste ; cette disposition abrite bien la poulie M et la courroie de la pluie, mais n'empêche pas l'action de l'humidité de l'air. Pour ces petites installations, où l'on dispose d'une

Fig. 75. — Intermédiaire à plaque tournante, de Lanz.

faible puissance mécanique, les galets de tension, comme l'emploi de la résine pour éviter les glissements des courroies, sont des dispositifs ou procédés peu recommandables. En tous cas, il est préférable d'avoir recours à des transmissions par câbles métalliques dont nous allons donner deux exemples.

En 1884, nous avons installé un atelier de préparation mécanique des aliments à l'École nationale d'agriculture de Grand-Jouan. La figure 79 représente le plan de cet atelier, établi sous un hangar de $6^m,65$ de profondeur. Le manège à terre A, dont la flèche a $2^m,50$ de longueur, actionne un intermédiaire B (une roue dentée et un pignon), qui transmet, par un câble en acier C, le mouvement à la poulie D clavetée sur un arbre E placé à $2^m,33$ de hauteur. Cet arbre est soutenu par trois poteaux n enfoncés dans le sol et assemblés avec le tirant de la ferme ; du côté du mur de fond, le tirant est consolidé par un chevalet k en charpente afin

d'éviter que les trépidations puissent détériorer la maçonnerie.

Au moyen de poulies et de courroies,

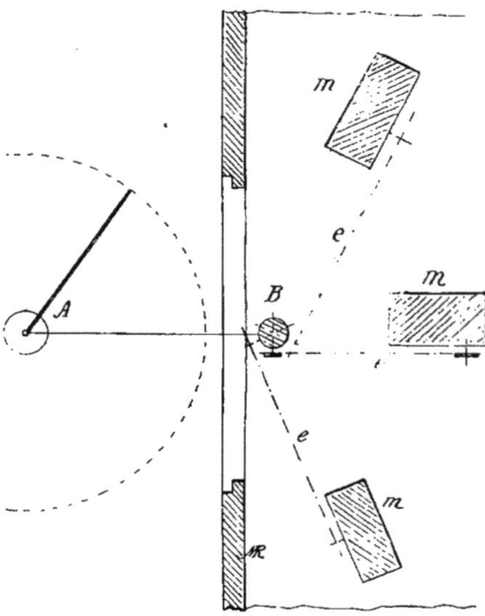

Fig. 76. — Plan d'un atelier mû par un manège, avec intermédiaire à plaque tournante.

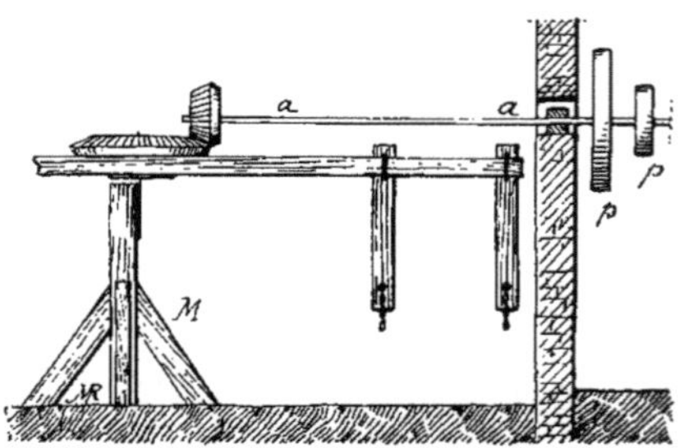

Fig. 77. — Installation d'un manège en l'air, avec arbre de commande.

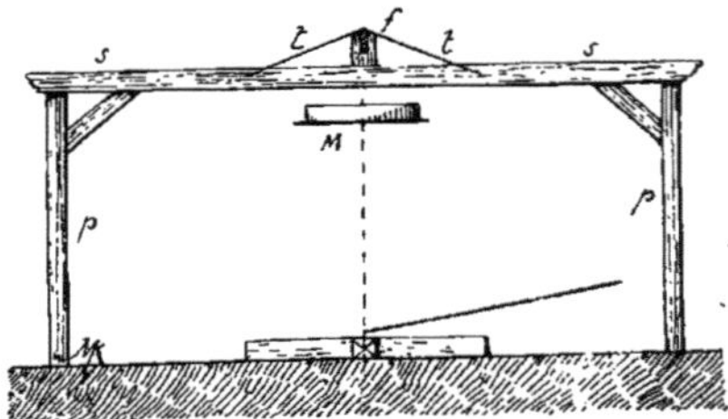

Fig. 78. — Installation d'un manège en l'air, avec courroie de commande.

l'arbre E transmet le mouvement à un laveur de racines f, un coupe-racines g, un hache paille h.

Le coupe-racines débite en b et le

hache-paille en *d*, sur un grand plancher limité par *mknaaep*; le mélange des aliments s'effectue en *j*, en tête de la voie de départ *u*.

L'installation est complétée par une pompe d'applique *p*, et une sorte de boxe *m* dans laquelle on emmagasine le samedi les rations du lendemain.

Une voie de chargement *u* se raccorde, par la plaque tournante *t*, avec le chemin de fer *v* qui dessert tous les bâtiments de la ferme ainsi que la plateforme à fumier.

Cette installation, qui fonctionne encore très bien, prépare journellement, en deux heures environ, avec un cheval au

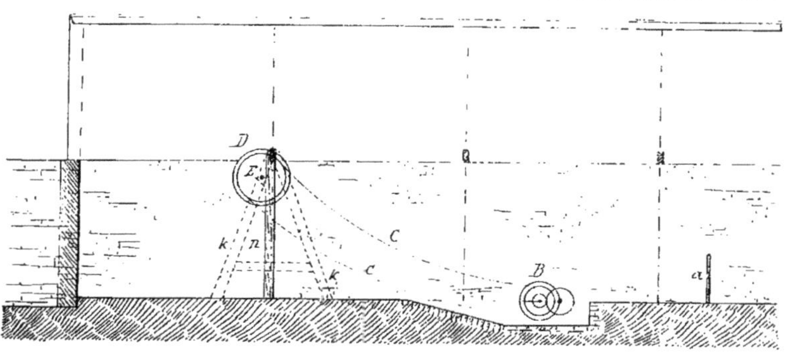

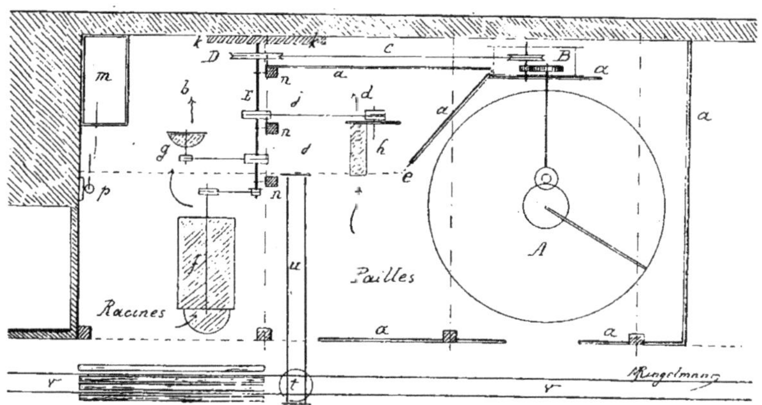

Fig. 79. — Plan et élévation d'un atelier de préparation mécanique des aliments du bétail
(École de Grand-Jouan).

manège, les rations destinées à 43 bovins (35 vaches, taureaux et génisses et 8 bœufs de travail.)

L'emplacement total occupé a 13 mètres de longueur et 6ᵐ,65 de profondeur; des cloisons en bois *a*, d'un mètre de hauteur, limitent le manège et la transmission.

Les poulies B et D de l'installation (fig. 79) sont en bois; chacune est formée de deux plateaux, A et B (fig. 80) de 0ᵐ,030 d'épaisseur, assemblés à rainures et languettes; les fibres du plateau A sont

croisées avec celles du plateau B. Au centre se trouvent deux moyeux carrés C et D, en bois dur (châtaignier), de 0ᵐ,05 d'épaisseur, encastrés de 0ᵐ,01 dans chaque plateau; chaque moyeu est garni à l'extérieur d'une plaque de tôle *t* de 0,003 d'épaisseur, afin de permettre le clavetage de la poulie sur l'arbre. Les deux plateaux A et B sont réunis par des pointes et par une rangée de vis à tête fraisée (sur chaque face) du côté de la circonférence; enfin l'assemblage des plateaux, des moyeux et des joues de tôle est assuré par quatre boulons passants *n*. La gorge est garnie d'une

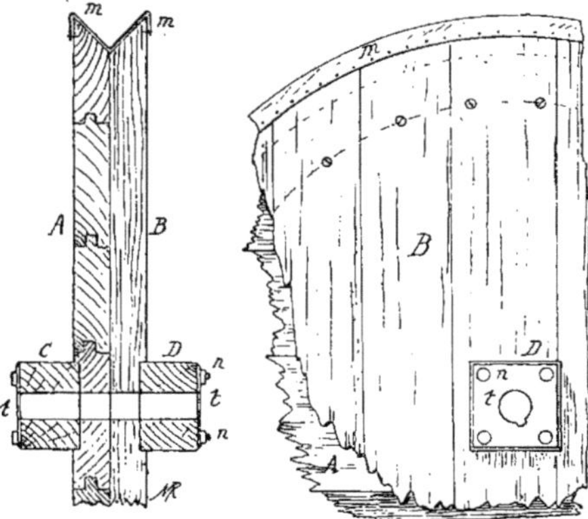

Fig. 80. — Principe de construction des poulies en bois pour transmission par câble métallique.

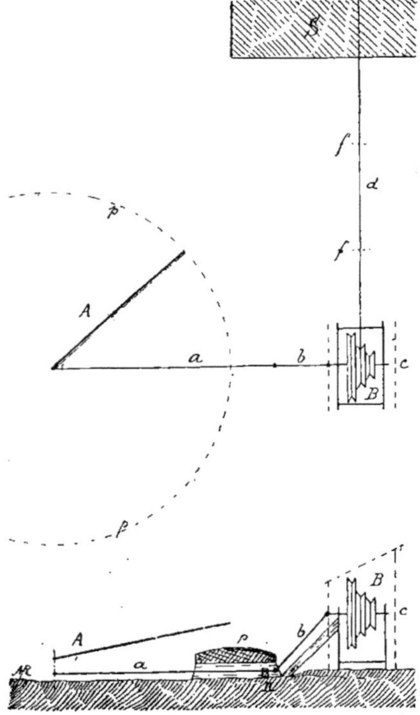

Fig. 81. — Installation d'un atelier mû par un manège avec transmission par câble métallique.

bande de cuir *m*, fortement serrée dans le fond et pointée vers les bords *m*.

Les dimensions principales de cette installation sont indiquées dans le tableau suivant :

Nombre de tours, par minute, de l'arbre à terre du manège	40
Poulie à gorge de l'intermédiaire.	
Nombre de tours	120
Diamètre (à la gorge)	0ᵐ,60
Câble en acier (0 fr. 50 le mètre) :	
Diamètre	0ᵐ,006
Longueur	16 mètr.
Nombre de fils	36
Charge de sécurité (à 2 kilogr. par millimètre carré)	31ᵏ
Vitesse par seconde	3ᵐ768
Travail que peut transmettre le câble à la charge de sécurité (en kilogrammètres par seconde)	116ᵏᵍᵐ8
Poulie à gorge de l'arbre de couche :	
Diamètre à la gorge	1ᵐ
Nombre de tours	72
Diamètre des poulies de commande :	
Du hache-paille	0ᵐ60
Du coupe-racines	0ᵐ30
Du laveur de racines	0ᵐ15
Nombre de tours par minute :	
Du hache-paille	160
Du coupe-racines	140
Du laveur	27

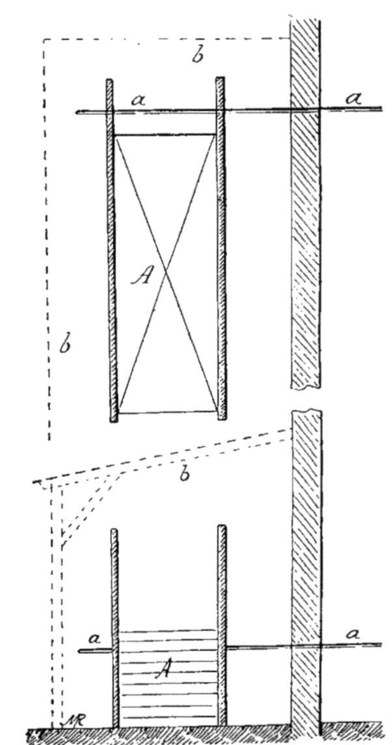

Fig. 82. — Installation d'un manège à plan incliné.

On peut placer, dans certains cas, le manège à l'extérieur et même assez loin du bâtiment qui abrite les machines pour la préparation des aliments, et cela sans inconvénient au sujet de la durée du câble métallique; une semblable installation que j'ai eu occasion de faire en 1885, et qui n'a cessé de bien fonctionner depuis, m'autorise à avancer ce fait.

La partie de l'installation qui intéresse le sujet que nous traitons, comprend un manège à terre actionnant une scierie à pierres. La scie circulaire, établie dans des conditions toutes spéciales, débite des schistes dont l'épaisseur atteint $0^m,25$; elle exige donc un sérieux travail de la part du manège. D'un autre côté la transmission devait se trouver complètement au-dessus du sol. L'arbre à terre a du manège A (fig. 81) transmet son mouvement à l'arbre c de l'intermédiaire par un arbre incliné b à joints en fer forgé; cet arbre, incliné à 45 degrés sur l'horizon, a $1^m,70$ de longueur. L'axe c de l'intermédiaire est à $1^m,20$ au dessus du plan de l'arbre de couche a; il porte un jeu de poulies B en bois, à gorges, construites comme celles indiquées par la fig. 80; la plus grande des poulies a $1^m,65$ de diamètre. Le bâti en bois de l'intermédiaire B est relié au patin du palier n de l'arbre de couche par une seule pièce en écharpe, et le patin de ce palier est solidement fixé en terre et encastré dans deux petites murettes en pierres sèches qui soutiennent le remblai de la piste p.

La transmission s'effectue par un câble d au bâtiment S contenant la scierie; dans le cas particulier que nous étudions ici, le bâtiment S pourrait renfermer les différentes machines nécessaires à la préparation mécanique des aliments.

Pour éviter que le brin inférieur du câble ne traîne sur le sol, on place, suivant les besoins, un ou deux rouleaux de support en f, d'après la poulie de B sur laquelle s'enroule le câble.

Les câbles télédynamiques, comme le montrent ces deux exemples, peuvent donc servir à la transmission des petites puissances, mais il faut les établir dans des conditions autres que celles ordinairement en usage lorsqu'il s'agit de transmissions de grandes puissances. On admet dans ce dernier cas, que :

1° La vitesse du câble peut être portée, sans inconvénient, jusqu'à 25 mètres par seconde pour les grandes distances et les distances moyennes, et peut s'abaisser jusqu'à 10 à 12 mètres par seconde pour les petites puissances et les petites distances; pour la sécurité, il ne convient pas de dépasser beaucoup 25 mètres;

2° Les poulies doivent avoir au moins 1 mètre de diamètre.

Or, le travail mécanique T transmis par le câble, a pour expression

$$T = E\,L$$

dans laquelle E est l'effort et L le chemin parcouru dans la direction de cet effort; on conçoit que pour un même travail T, plus on augmente le chemin L, plus l'on diminue l'effort E que doit supporter le câble, ce qui permet avec une grande vitesse et un câble très petit de transmettre de grandes puissances.

Les câbles doivent travailler à une charge inférieure à leur limite d'élasticité, qui est de 15 à 18 kilogr. par millimètre carré.

Les câbles sont formés de 6 à 8 torons comprenant chacun de 6 à 12 fils, avec âme en chanvre goudronné.

Admettons, dans le cas d'un manège à un cheval, un travail momentané de 100 kilogrammètres; supposons que la vitesse du câble soit de 3 mètres par seconde, l'effort qu'il aurait à transmettre serait de $\frac{100}{3} = 33^k,3$, ce que peut bien supporter un câble de 6 millimètres de diamètre, pesant 0 kilogr., 170 par mètre courant, valant (le mètre courant), 0 fr. 35 en fer Suède, et 0 fr. 75 en acier Martin.

Un câble de 8 millimètres de diamètre peut travailler à une charge de 370 kilogr. (le quart de la charge de rupture).

Enfin, ces câbles de petit diamètre sont assez souples pour qu'à une faible vitesse ils puissent s'enrouler, sans résistance exagérée, sur des poulies dont le diamètre peut s'abaisser à $0^m,60$. (Les câbles en fils d'acier sont plus souples que ceux en fils de fer de même diamètre.)

Ces câbles ne doivent pas être tendus, on leur laisse décrire une flèche dans l'espace et à l'aide de poulies de renvoi, horizontales ou obliques, on peut donner à la transmission la direction que l'on veut en plan vertical comme en plan horizontal; mais autant que possible, il faut éviter les angles qui exigent évidemment un supplément de travail.

Les câbles ne donnent lieu à aucun entretien coûteux ou difficile ; on les protège de l'oxydation en les goudronnant, ou en y passant tous les quinze jours ou tous les mois un chiffon garni de graisse mélangée à de la plombagine, un mélange d'huile et de goudron, ou d'huile et de suif.

L'emploi des manèges à plan incliné, permet de diminuer l'emplacement nécessaire tout en obtenant plus de puissance mécanique de la part du moteur. Le manège A (fig. 82), qui occupe peu de largeur, peut se placer à l'extérieur du bâtiment, sous un léger abri *b* ; l'arbre *a* se trouve à une faible hauteur au-dessus du sol.

On a même construit, dans le but que nous étudions, des manèges à plan incliné portant directement sur une plate-forme (en avant du tablier), un concasseur, un hache-paille, un coupe-racines, etc. Ces montages, très ramassés, sont loin de faciliter le service de chacune des machines actionnées ; aussi il n'y a pas lieu

Fig. 83. -- Moulin-concasseur à manège, à action directe.

d'insister sur ces dispositions, et il vaut mieux avoir recours à un manège séparé.

L'atelier de la préparation mécanique des aliments du bétail des fermes américaines, est le plus souvent actionné par un moulin à vent dont le fonctionnement est automatique ; comme nous étudierons plus loin ces installations américaines, nous ne voulons, pour l'instant, appeler l'attention que sur les moulins-concasseurs à manège, à action directe, très répandus aux États-Unis, en prenant comme type la machine de la Sterling Manufacturing C°, de Sterling, en Illinois.

Sur un bâti en bois A (fig. 83) formant coffre, est fixée une meule dormante, tronc-conique, à axe vertical. Autour de cette meule peut tourner, dans le plan horizontal, une trémie B C tronc-conique dont la partie inférieure B est garnie intérieurement de saillies qui constituent la partie mobile de l'appareil de broyage. La trémie B C est solidaire avec une flèche D de manège, dont on voit l'attelage en *a*. Le réglage de la finesse du concassage se fait par la vis à volant V qui soulève plus ou moins la trémie B C, et par suite, écarte sa denture intérieure de la meule fixe. Dans quelques modèles, la partie supérieure C de la trémie est en tôle et indépendante de la couronne inférieure B.

Pour le travail, on charge d'un seul coup la trémie C d'épis de maïs, et l'on fait tourner le moteur jusqu'à ce que la trémie soit vide ; on arrête alors le cheval pour charger à nouveau et pour enlever, s'il y a lieu, le concassage, qui tombe dans le coffre A, ouvert d'un coté pour faciliter la manutention.

Certaines de ces machines peuvent faire du concassage très fin ou de la grosse farine. Il y a des broyeurs à un cheval (fig 83), (Mammoth Mill) et à deux chevaux, qui, dans ce cas, sont attelés de front à la même flèche (machine Globe, de N. D. Bowsher, South Bend, Indiana); enfin, les constructeurs américains établissent des manèges à terre, avec transmission ordinaire, pourvus, au centre, d'un concasseur à action directe (machine de la Staver et Abbott. Mfg. C°, de Chicago.)

On a proposé de préparer les racines et les tubercules en les broyant, en les réduisant en pulpe, à laquelle on ajoute une certaine quantité de fourrage haché ; le mélange mis en tas dans un bâtiment, fermente rapidement.

Une installation de ce mode de préparaton des aliments. a été faite dans une ferme de 112 hectares, à 4 kilomètres de Limoges, exploitée par M. Benoist du Buis, et nous extrayons ce qui suit de la communication qui en a été faite, par M. Rolland, ancien élève de la ferme école de Chavagnac (1).

La pulpe de racines ou de tubercules (betteraves, topinambours), est obtenue par l'action d'un rouleau conique a b, (fig. 85), en granit, qui roule sur une piste dallée en granit. La figure 84 représente la coupe verticale de l'atelier, et la figure 85 en donne le plan ; on distingue, dans ces dessins la piste dallée en granit E, qui entoure la plate-forme centrale B en béton ; en C, est la piste parcourue par les animaux. Le rouleau a b, fixé dans son bâti, est relié à la flèche D, mobile autour de l'axe vertical A, au moyen d'un collier en fer consolidé par des montants de bois l, m, n, triangulés par un lien oblique.

Les animaux sont attelés en O, et un bois de bouche empêche l'attelage de marcher sur la piste, où se trouve la pulpe (à la ferme du Buis, on employait de jeunes bœufs qu'on dressait) ; dans la figure 84, on a représenté un siège pour le conducteur.

Le rouleau b (fig. 86), est garni de racloirs ; en avant, une sorte de sabot S frotte légèrement contre la bordure Q de la piste, pour ramener les racines sous le rouleau ; en arrière, traîne une sorte de herse g, h, i, j, à dents de bois, destinée à déplacer la pulpe.

Enfin, comme installation accessoire à la ferme du Buis, on trouve un bassin H, alimenté par une conduite ; la prise d'eau g, permet de laver les topinambours avant leur pilage.

En fonctionnement, on répand sur la piste en granit, 3 hectolitres de topinambours ou de betteraves (ces dernières sont préalablement divisées en gros morceaux) ; la réduction en pulpe, par le passage du rouleau, s'obtient en 10 minutes. On ajoute ensuite la quantité voulue de foin haché, réparti aussi régulièrement que possible ; on relève la herse en l'appuyant sur le bâti, puis on fait passer le rouleau deux ou trois fois de suite, jusqu'à ce que le mélange soit bien opéré, et que tout le jus de la pulpe soit absorbé par le fourrage. On enlève à la pelle, et on charge dans un tombereau qui conduit le mélange à la grange, où il est déchargé sur une plate-forme en béton et abandonné à la fermentation ; le grangeur modère ou active la fermentation par une manutention à la fourche.

La même installation sert également à écraser les tourteaux, à concasser des grains (maïs, sarrasin, féverolles, etc.)

Voici quelques détails sur les frais d'établissement :

	francs
Bâtiment 10×10^m....................	1,200
Rouleau en granit, 1^m20 de longueur, 1^m20 et 0^m80 de diamètres.....	80
Dallage en granit de la piste à pulpe.	100
Forge (fer et ouvrier).............	30
Charpente et menuiserie (bois et ouvrier)....................	50
Plate-forme centrale en béton....	20
	280
	1,480

Le granit peut être remplacé (suivant les localités) par d'autres matériaux (grès, calcaires durs, etc.).

Sans discuter ici s'il est bon, au point

dé vue zootechnique, de donner au bétail les aliments sous forme de purée, nous pouvons chercher à examiner l'installa-tion précitée, au point de vue du travail mécanique.

Le rouleau pèse environ 2,700 kilogr.

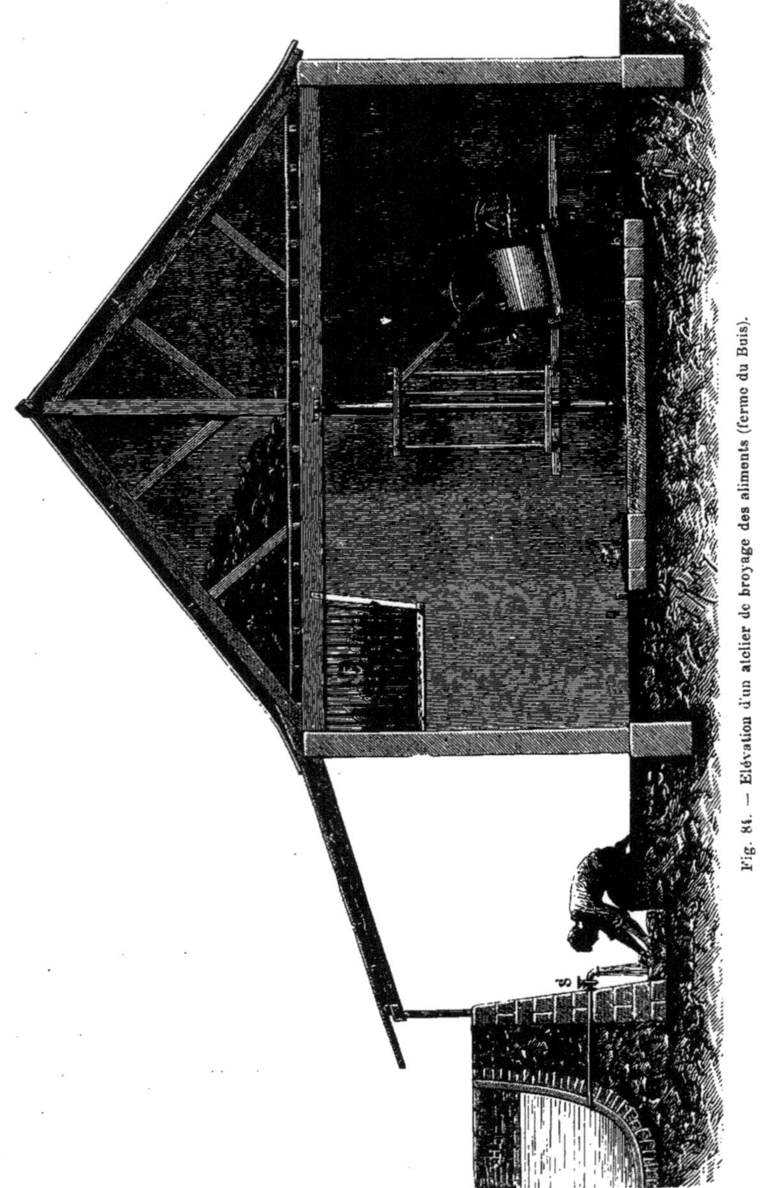

Fig. 84. — Elévation d'un atelier de broyage des aliments (ferme du Buis).

en fixant à 0,1 son coefficient de roule-ment (chiffre très faible), la résistance qu'il présente à la traction est de 270 kilogr. ; le chemin parcouru par tour par le centre des résistances est d'environ 8 mètres, soit un travail néces-saire minimum par tour, de :

$$270 \times 8 = 2,160 \text{ kilogrammètres.}$$

On pile en une fois 3 hectolitres de topinambours à 60 kilogr. l'hectolitre, soit
180 kilogr. en 10 minutes de travail; à

raison de trois tours par minute, l'attelage dépense pour piler 180 kilogr. de
tubercules :

Fig. 85. — Plan d'un atelier de broyage des aliments (ferme du Bois).

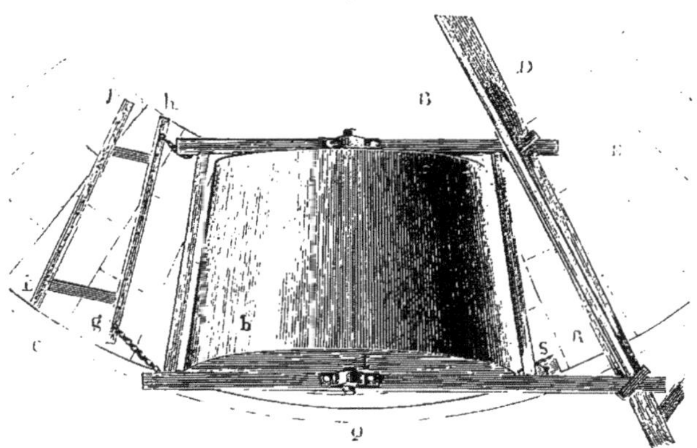

Fig. 86. — Plan du rouleau de granit employé au broyage des aliments.

$$2,160 \times 3 \times 10 = 64,800 \text{ kilogrammètres}$$

ou pour 1 kilogr. de tubercules :

$$\frac{64,800}{180} = 304.4 \text{ kilogrammètres.}$$

Or, d'après nos essais, un coupe-racines,
débitant en cossettes, nécessite 75 à 80 kilogrammètres par kilogramme débité; le
travail mécanique nécessité par l'instal-

lation précédente, très simple sans doute, exige environ quatre fois plus de travail que nos machines perfectionnées, et il y aurait lieu de savoir si ce supplément de dépense peut être compensé (ce dont nous doutons) pour une meilleure utilisation des aliments.

Si des recherches précises démontraient l'utilité, au point de vue zootechnique, de ce mode de préparation, il faudrait préférer à la disposition précédente des machines analogues aux moulins à mortier, à os, à plâtre, etc., à meules en fonte roulant dans une auge métallique à fond à claire-voie, et il y aurait également lieu d'avoir un bâtiment suffisamment grand, pour mettre directement dans un angle les matières travaillées et les y laisser fermenter, afin de supprimer les transports et les deux manutentions indiquées ci-dessus dans le fonctionnement de la ferme du Buis.

CHAPITRE II

ATELIERS MUS PAR UN MOTEUR A VAPEUR OU A PÉTROLE

Pour les grandes exploitations l'installation est mise en mouvement par un moteur à vapeur ; la figure 87 en donne un exemple : la machine, du type vertical, actionne un arbre de couche haut qui commande un moulin, un aplatisseur, un dépulpeur, un broyeur de tourteaux et un hache-paille ; la chaudière est en communication avec un appareil pour la cuisson des aliments à la vapeur sous pression.

Une autre installation est représentée par la figure 88 ; la machine à vapeur, mi-fixe, verticale, actionne un arbre de couche qui commande : au premier étage, un moulin-concasseur et un brise-tourteaux ; au rez-de-chaussée, un coupe-racines et un hache-paille ; l'appareil à cuire les aliments est en relation avec la chaudière de la machine à vapeur.

Au point de vue de la cuisson des aliments avec la vapeur provenant du générateur, nous avons déjà fait remarquer qu'il y a lieu de bien faire attention aux eaux d'alimentation, à ce que ces eaux n'entraînent pas des huiles de graissage qui communiqueraient aux aliments cuits un goût désagréable au bétail.

La figure 87 indique une réunion de machines diverses dans un même local, ce qui ne doit pas être sans inconvénient pour les matières traitées ; en effet, d'un côté on travaille des grains et de la farine, qui exigent un local sec, et à quelques mètres de là se trouve la manipulation des racines qui sont toujours humides ; le hache-paille, dont le travail dégage beaucoup de poussières, est, il est vrai, au premier étage. Aussi, si nous donnons la figure 87 c'est en la considérant comme un schéma plutôt qu'un projet défini f.

Lorsque la quantité des matières traitées est importante, on a intérêt à séparer l'atelier en deux parties ; dans l'une se fera la manipulation des racines et des fourrages, dans l'autre celle des grains. Suivant le bâtiment qu'il s'agit d'utiliser, ces deux parties peuvent être sur le même plan horizontal ou peuvent être superposées comme dans l'atelier de la ferme de l'Ecole nationale d'agriculture de Grignon (fig. 90) : Au rez-de-chaussée se trouve le magasin A aux racines, dans lequel est placé le hache-paille *h*, le coupe-racines *c* et les silos *s* ; au premier étage B se trouvent le tarare, les trieurs, l'aplatisseur-concasseur, le moulin à farine et le brise-tourteaux. La figure 90 indique les transmissions principales : le grand arbre de couche *a* et l'arbre de renvoi *b* pour la commande des machines *c* et *h* du rez-de-chaussée.

Au fond de la pièce A débouche un conduit en bois qui amène les menues pailles et les balles provenant du tarare placé dans la pièce B.

Dans les grandes fermes on établissait autrefois l'atelier de préparation dans un bâtiment spécial ; on en trouve un exemple dans l'installation de l'école de Grignon, et nous pouvons donner à titre de document l'atelier de la ferme de M. Vallerand (de Moufflaye) antérieur à 1859 (1).

Le bâtiment (fig. 89) dont la façade donne sur la cour de la ferme est contigu à la grange ; au nord, une cour voisine est de niveau avec le premier étage, afin que le tombereau C puisse, par la porte B, déverser la pulpe dans la fosse-magasin située au rez-de-chaussée. Au sud, le sol extérieur, situé à un plus bas niveau, permet l'approche des voitures de grains ou de fourrage.

Le générateur est placé dans la cave ; la machine à vapeur est au rez-de-chaussée et peut, par la commande A actionner

___

(1) *Journal d'Agricult. pratique*, 1859, tome II, page 243.

Fig. 87. — Vue d'ensemble d'un atelier mû par un moteur à vapeur (Woods et Cocksedge. — Pilter).

Fig. 88. — Vue d'ensemble d'un atelier mû par un moteur à vapeur (Barford et Perkins. — Pilter).

la batteuse placée dans la grange en arrière de l'atelier; au rez-de-chaussée se trouve la transmission du moulin et une meule.

Fig. 89.— Coupe de l'atelier de la ferme de Montflaye.

L'arbre de la transmission est fixé au plafond du premier étage, et actionne, par courroies, le tarare, le hache-paille, les pompes et un concasseur de grain.

Le plancher du second étage supporte le réservoir d'eau alimenté par les pompes ; ce grand réservoir est relié à la canalisation générale de la ferme.

Le premier étage sert de magasin pour

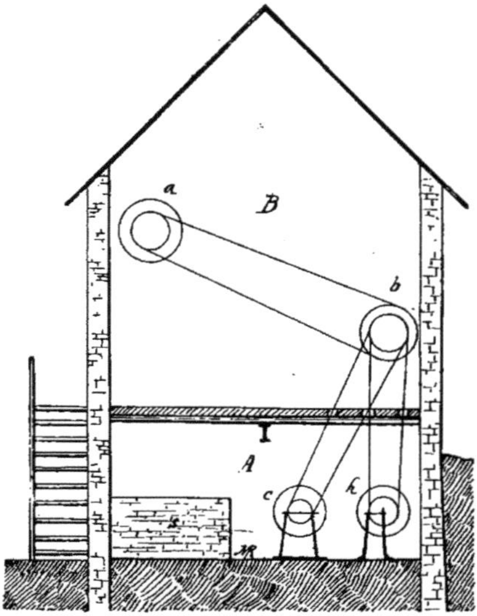

Fig. 90. — Coupe verticale de l'atelier de Grignon.

quelques centaines de bottes de fourrage, pour le son et les grains.

Le produit du concasseur (ou le son) tombe dans un boisseau qui débouche au rez-de-chaussée ; le fourrage haché tombe également au rez-de-chaussée dans une sorte de coffre et se trouve ainsi à proximité des pulpes emmagasinées dans la fosse qui a 7 mètres de long sur 1^m,50 de large. L'ouvrier prépare facilement le mélange de fourrage haché, de pulpe et de son ou de concassage.

Le bâtiment de la ferme de Moufflaye a 20 mètres de long sur 7 mètres de portée, et l'ensemble de l'installation, machine à vapeur, générateur avec sa cheminée de briques, machines diverses, transmissions, pompe à trois corps pour puits profond, a coûté, y compris la construction et l'achat de la machine à battre, 20,000 francs en chiffres ronds, ce qui, pour les 250 hectares de la ferme, représente un capital de 80 francs par hectare.

Dans quelques exploitations, les racines coupées, mélangées avec des balles ou de la paille hachée, sont abandonnées à elles-mêmes pendant quelque temps, et

ne sont distribuées aux animaux qu'après avoir subi une fermentation alcoolique.

Ces mélanges alimentaires sont mis à fermenter dans des cases en bois ou en maçonnerie ou, ce qui est plus simple, dans des sortes de stalles SS' (fig. 91) placées de préférence dans l'atelier même de préparation des aliments, les machines étant du côté M. Ces stalles sont limitées par le mur m de la construction et par des cloisons a verticales, en bois ou en briques (le bois résiste mieux que la brique ; dans le cas des briques b il faut les mettre à plat et faire une cloison de 0^m,11 d'épaisseur avec 0^m,01 d'enduit de ciment sur chaque face, en ayant soin d'effacer les angles sous des arrondissements r de 0^m,25 de rayon ; les arêtes de ces cloisons en briques peuvent être protégées et consolidées par des pièces de bois).

La capacité de chaque stalle dépend du cube journalier nécessaire et est, par suite, facile à déterminer ; les cloisons a et b ont de 1^m,20 à 1^m,50 de hauteur ; le sol doit être imperméable et en pente douce (0^m,001 par mètre) pour faciliter les lavages. En avant, les stalles peuvent être desservies par une voie ferrée v qui

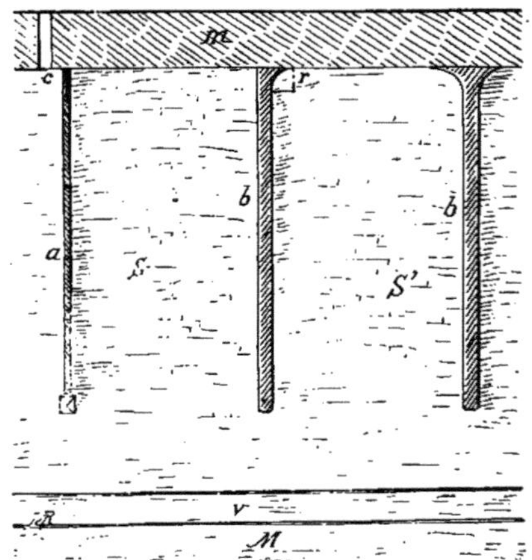

Fig. 91. — Plan de cases de fermentation.

se raccorde, par des courbes ou des plaques tournantes, avec les étables, bergeries, etc.

Il faut assurer la rapide évacuation de l'acide carbonique, que dégage la fermentation soit par des portes, soit au moyen d'ouvertures ou barbacanes c convenablement ménagées au niveau du sol, l'acide carbonique ayant une plus grande densité que l'air.

Le trempage des aliments, ou la fermentation préalable, oblige à prendre certaines dispositions, pour loger les matières préparés avant de les donner au bétail. M. Decrombecque avait généralisé à sa ferme de Lens (Pas-de-Calais), ce mode d'alimentation (1), et l'atelier de préparation qui permettait la manipulation rapide et économique des produits, est représenté en coupe verticale, par la figure 92.

Le hache-paille est placé au second

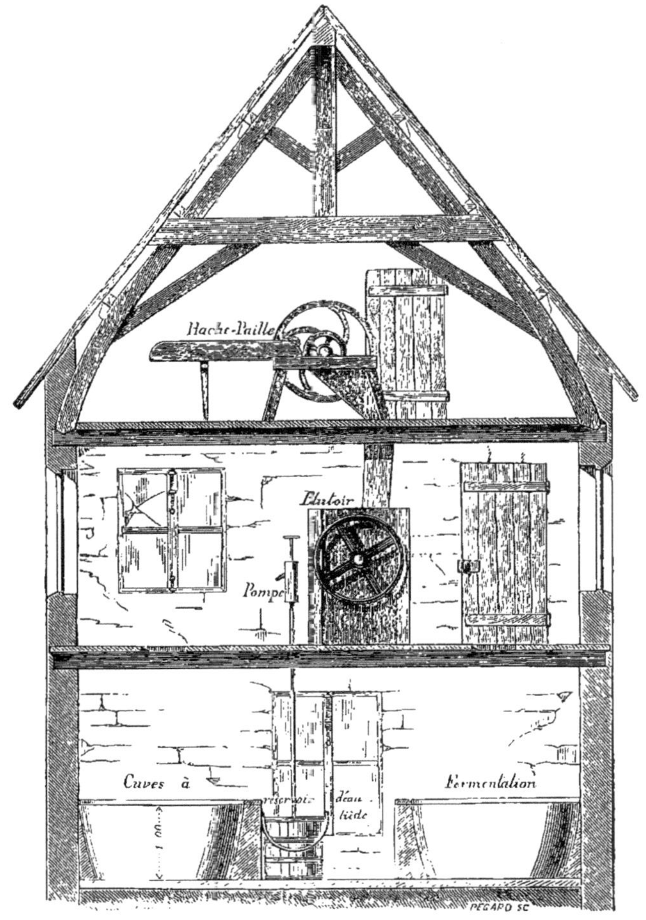

Fig. 92. — Coupe verticale de l'atelier de la ferme de Lens.

étage; le produit tombe au premier étage, dans le cribleur chargé d'enlever la poussière (2), le cribleur, à toiles métalliques de mailles d'un millimètre de côté, à 1ᵐ,50 de long et 0ᵐ,70 de diamètre); le fourrage criblé est déversé sur le plancher du premier étage, où s'opèrent les divers mélanges avec les tourteaux. Ces tourteaux, qui forment la base de la nourriture fermentée, sont préalablement réduits en poudre, à l'aide d'une meule d'huilerie, sous laquelle on mélange pendant l'opération, et par tiers, les tourteaux de lin, de colza et d'œillette.

Pour effectuer le mélange, on prend

(1) *Journal d'agric. pratique*, 1856, t. II, p. 444.

(2) Le criblage est regardé comme indispensable, la poussière étant préjudiciable aux animaux, et communiquant, d'ailleurs, un mauvais goût aux aliments.

environ 600 litres de fourrage haché, sortant du cribleur, on y ajoute 50 à 60 litres d'eau tiède (de 30 à 50 degrés), élevé par une petite pompe à main, on brasse et on incorpore les tourteaux en poudre, puis l'avoine pour les chevaux, et après un nouveau brassage, on fait tomber le tout par des trappes, dans des cuves à fermentation situées au rez-de-chaussée.

Ces cuves, de 30 hectolitres, sont en briques enduites de ciment; elles ont horizontalement $2^m,50$ sur $1^m,20$, avec 1 mètre de profondeur. Le mélange y est fortement tassé; un couvercle ferme la cuve, et ce n'est qu'après quarante-huit heures que le mélange est distribué aux animaux de la ferme.

Nous donnons, à titre de document, les quantités des matières travaillées (fourrages et tourteaux), qui rentraient dans la ration journalière des animaux de la ferme de Lens :

	Fourrages hachés.	Tourteaux broyés.	Betteraves en pulpe.
Par cheval....................................	10^k	2^k	»
Par bête à cornes à l'engrais...................	6	3.500	15^k
Par bête à laine à l'engrais...................	1	0.500	1.8

Pour les bovins et les ovins, on ajoutait au mélange de la pulpe de betterave, obtenue par les presses, et fermentée à part, dans des silos spéciaux.

Dans certaines régions (environs de Paris) on dispose souvent l'atelier de préparation des aliments à proximité de la machine à battre.

A moins d'avoir d'énormes quantités à traiter par jour, c'est le manège à piste ou à plan incliné, ou une petite machine à pétrole qui constitue le moteur le plus économique pour ces installations. Le moteur à vapeur, placé dans la grange, entraîne à des pertes de temps pour la mise en pression du générateur, et exige l'emploi d'une transmission par arbre, coûteuse comme achat et comme entretien.

On dit souvent aux acheteurs qu'une locomobile peut servir à d'autres travaux que le battage : élévation de l'eau, sciage du bois, préparation des aliments. Il est évidemment économique d'augmenter le nombre de jours de travail de la loco-mobile afin de diminuer le prix de revient du cheval-heure, mais faut-il qu'il y ait un grand nombre d'heures de travail pour chaque allumage.

Si la machine est employée au battage ou à une industrie annexe de la ferme on conçoit qu'on ait intérêt à lui faire mouvoir les machines de l'atelier de préparation des aliments. Mais il serait désastreux de chauffer, pour une ou deux heures au plus, une machine de 5 à 6 chevaux afin de lui faire mouvoir les machines de préparation des aliments qui n'exigent qu'un cheval-vapeur. Dans ces conditions, il est plus économique de laisser la machine en repos et d'utiliser un manège.

On trouve, dans certaines fermes anglaises, un moteur à vapeur de 5 à 6 chevaux pour la batteuse et une autre machine de 2 chevaux pour la préparation des aliments. C'est donc un double matériel qui ne donne lieu à aucune économie, car le capital engagé est plus considérable, le temps de mise en pression est sensiblement le même pour une chaudière de 2 chevaux que pour une de 5 à 6 ; enfin les petites machines à vapeur ont un très mauvais rendement thermique et leur consommation d'eau, et par suite de combustible, par cheval-heure, est très élevée; il vaut donc mieux n'avoir qu'une seule machine de 5 à 6 chevaux chauffée pour un travail d'un ou de deux chevaux pendant une ou deux heures par jour, plutôt que les deux machines précitées de certaines installations anglaises.

Mais la question est toute différente si l'on considère un moteur à pétrole; on peut prévoir que dans l'avenir beaucoup d'ateliers de préparation des aliments des exploitations comptant plus d'une cinquantaine de têtes de gros bétail, seront actionnés par un moteur mi-fixe à pétrole lampant d'une puissance de deux à trois chevaux.

La nouvelle installation faite à l'école nationale d'agriculture de Grignon comprend un moteur à pétrole de Merlin et Co (1), d'une puissance de six chevaux,

(1) Concours international de moteurs à pétrole, *Journal d'agriculture pratique*, 1894, tome 1, page 752.

actionnant toutes les machines de la ferme (batteuse, tarare, trieurs, aplatisseur-concasseur, moulin, brise-tourteaux. hache-paille, coupe-racines).

La grande supériorité du moteur à pétrole sur le moteur à vapeur réside dans le temps de mise en train (7 à 8 minutes pour la machine Merlin, au lieu de trois quarts d'heure à une heure et demie pour une chaudière), l'économie de combustible de cette mise en train et la possibilité de fonctionner presque sans mécanicien qui n'a pas de foyer à entretenir toutes les 20 minutes, ni d'alimentation d'eau à surveiller. Enfin, à puissance égale, le moteur à pétrole occupe un emplacement quatre ou cinq fois plus petit qu'une machine à vapeur.

CHAPITRE III

ATELIERS MUS PAR UN MOULIN HYDRAULIQUE

L'emploi des puissances naturelles est évidemment à conseiller dès qu'il est possible de les utiliser (moteurs hydrauliques, moulins à vent).

Lorsqu'il s'agit d'un moteur hydraulique (roue ou turbine), il est rarement facile de placer le moteur à proximité des locaux contenant les machines à actionner; souvent, le cours d'eau utilisable passe au loin de la ferme, et il faut avoir recours à des transmissions par câbles ou par l'électricité, que nous avons étudiées ailleurs (1).

Comme exemple d'installation par transmission télédynamique, nous citerons la ferme de Lisors (Eure) dont une monographie très complète a été donnée en 1874 par M. Eugène Marchand, dans le *Journal d'Agriculture pratique*, n°s 6 et 7, février 1874 (2).

La ferme de Lisors (150 hectares), dont le plan général est représenté par la figure 93, est établie dans une petite vallée où coule le Fouillebroc, petit ruisseau venant de la forêt de Lyons, présentant un débit constant de 25 litres par seconde sous une chute disponible de $6^m,60$. Le ruisseau fut dérivé sur 800 mètres dans un canal d'amenée, établi à flanc de coteau, dont le débouché est dans la partie haute de la cour de ferme où l'on a élevé un bâtiment spécial au moteur (turbine Fontaine). Dans l'intérieur de ce bâtiment, on fit un puits de $6^m,60$ de profondeur, au fond duquel la turbine fut placée. Un aqueduc en briques, servant de canal de décharge, renvoit les eaux à l'ancien lit du ruisseau.

La turbine, établie pour un débit variable de 25 à 75 litres par seconde, a $1^m,30$ de diamètre et 18 orifices, qu'on peut ouvrir ou fermer à volonté, suivant le débit ou la puissance nécessaire au service de la ferme. La turbine tourne à raison de 78 tours par minute, et transmet son mouvement à quatre arbres horizontaux au moyen d'engrenages d'angles, munis chacun de débrayages (fig. 94).

Chaque arbre fait 117 tours par minute et trois d'entre eux portent une poulie à gorge de 1 mètre de diamètre (la vitesse du câble est de 6 mètres par seconde). Ces câbles sont placés à une hauteur suffisante pour permettre la circulation des plus hautes voitures de fourrage dans l'intérieur de la ferme.

Le bâtiment de la turbine est construit en briques; il a 6 mètres sur $4^m,50$ à l'intérieur; de vastes portes et des fenêtres éclairent les mécanismes, la meule, l'établi et les autres outils qui y sont installés.

Un arbre (à droite du plan (fig. 94) transmet, à 180 mètres de distance, la puissance nécessaire à un malaxeur dans une briqueterie qu'exploite le propriétaire. Un quatrième arbre met en mouvement une meule B, pour l'affûtage des outils de la ferme, ainsi qu'une pompe aspirante et foulante A qui refoule, à 9 mètres de hauteur, l'eau nécessaire à la briqueterie précitée.

C'est un câble qui transmet la puissance de la turbine à la grange (n° 21 du plan, fig. 93), à une distance de 55 mètres. Dans le bâtiment n° 22, adossé à la grange (représenté en détail par la figure 95) se trouvent les machines destinées à la préparation des aliments du bétail. Une autre transmission, de 38 mètres de longueur, commande la laiterie et le pressoir (fig. 96).

La machine à battre M (fig. 95) est placée près de la baie N ; à l'autre extrémité de l'annexe se trouvent, au rez-de-chaussée, sur un pavage en briques à plat, le laveur de racines F, alimenté par

---

(1) Ringelmann. L'*Electricité dans la ferme*, p. 45.

(2) Tome I, p. 191, 225, 251.

le robinet R, et le coupe-racines E. Plus loin, sur un plancher d'entre-sol P, est fixé l'aplatisseur A, dont le produit tombe, par la trappe B, dans un sac accroché au-dessous du plancher. Sur ce même plan est le hache-paille C, dont la trémie d'alimentation est placée près d'une porte qui s'ouvre sur l'empla-

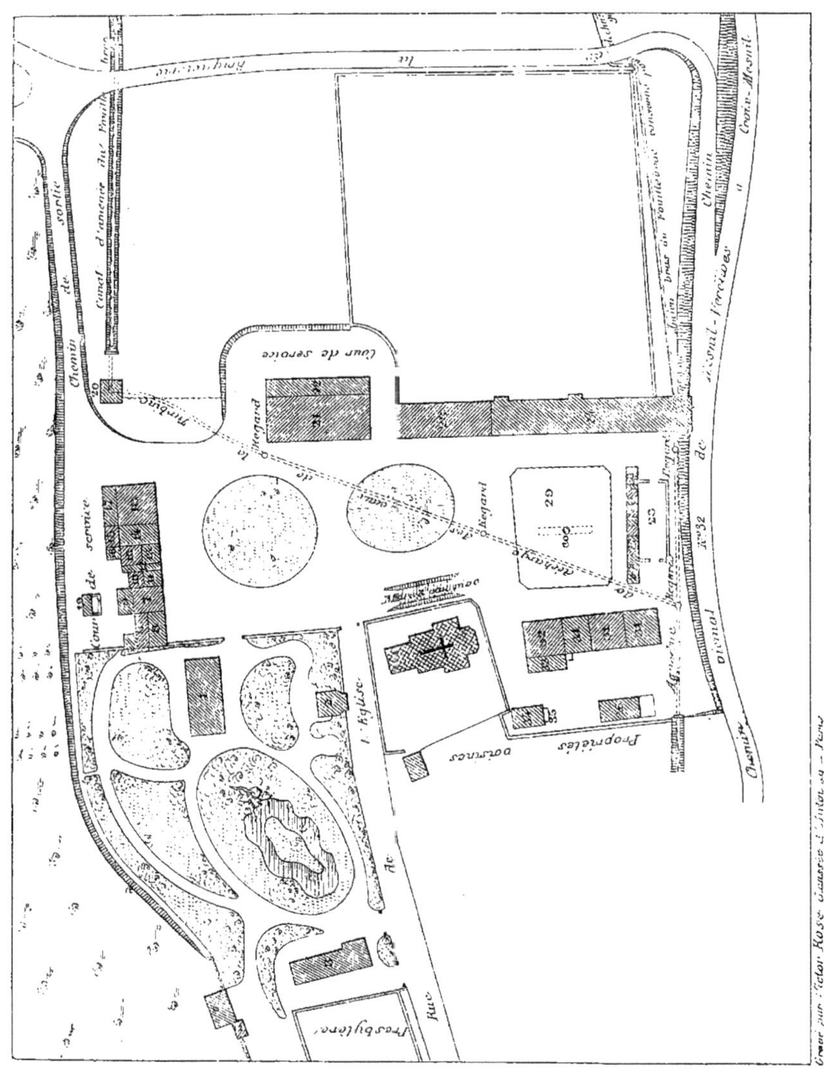

Fig. 93. — Plan général de la ferme de Lisors (1)

(1) *Légende de la figure 93.*

1. — Maison d'habitation.
2. — Billard.
3. — Communs.
4. — Magasins.
5. — Chenil.
6. — Pièce d'eau.
7. — Cuisine de la ferme.
8. — Chambres.
9. — Laverie.
10. — Chambre.
11. — Salle à manger.
12. — Vestibule.
13. — Chambres.
14. — Laiterie d'été.
15. — Laiterie d'hiver.
16. — Crémerie et baratte.
17. — Pressoir.
18. — Cellier.
19. — Lavoir.
20. — Turbine.
21. — Grange.
22. — Annexe de la grange.
23. — Remises.
24. — Vacherie.
26. — Poulailler.
27. — Porcherie.
28. — Cour de la porcherie.
29. — Parc à fumier.
30. — Fosse à purin et pompe.
31. — Bergeries.
32. — Écuries.
33. — Sellerie.
34. — Boulangerie.
35. — Chenil de la ferme.
36. — Infirmerie.

cement des pailles battues. La paille hachée passe par un cribleur D, placé au rez-de-chaussée, de sorte que la paille hachée et criblée vient s'amonceler sur l'aire pavée où débite le coupe-racines.

Le bâtiment des laiteries et le cellier (nᵒˢ 14 et 18 du plan général) comprend, comme machines mues par la

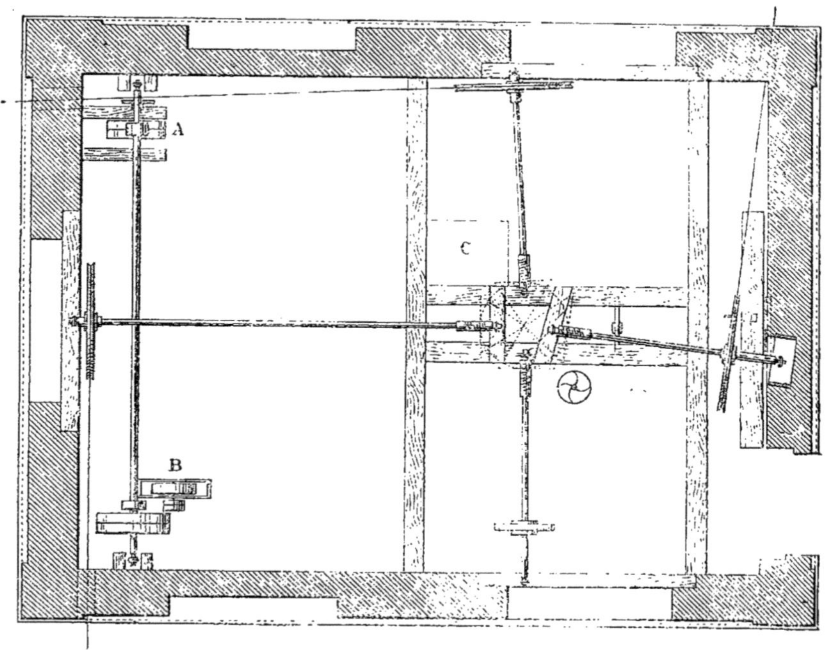

Fig. 94. — Plan de la turbine et des transmissions (nᵒ 20 du plan général, figure 93)
(A. commande de la pompe refoulant l'eau à la briqueterie ; B. meule pour l'affûtage ; C. trappe pour la visite de la turbine.

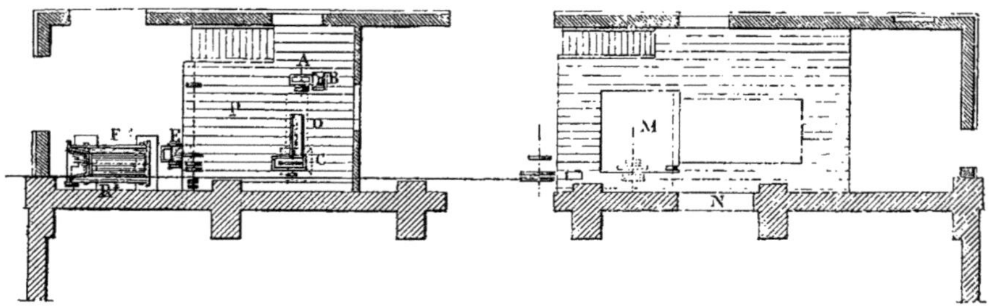

Fig. 95. — Plan de l'annexe de la grange.
F, laveur de racines ; R, robinet d'alimentation du laveur ; E, coupe-racines ; P, plancher ; A, aplatisseur ; B, trappe ; C, hache-paille ; D, cribleur ; M, machine à battre ; N, baie pour le service de la batteuse.

turbine : la baratte-tonneau B (fig. 96), le broyeur de pommes, le pressoir à cidre P et là pompe à cidre R.

Dans l'exemple précédent, la turbine donne 120 ou 360 kilogrammètres par seconde suivant que l'on dispose, pour la chute de 6ᵐ,60, de 25 ou de 75 litres d'eau par seconde (puissance de 1,2 à 3,6 Poncelets, ou de 1,6 à 4,8 chevaux-vapeur).

Pour beaucoup d'installations, il n'est pas toujours besoin d'une semblable puissance, et nous ne saurions trop conseiller l'emploi si économique des moteurs hydrauliques.

Certes, autrefois, l'installation pouvait

présenter certaines difficultés pour l'établissement du canal d'amenée et du canal de fuite ; les turbines étaient elles-mêmes assez délicates de construction, et par suite d'un prix élevé ; mais aujourd'hui, il n'en est plus de même pour les nouveaux moteurs hydrauliques des types américains ou dérivés. Ces machines, dont nous avons déjà parlé dans nos compte rendus de l'exposition de 1889 (1),

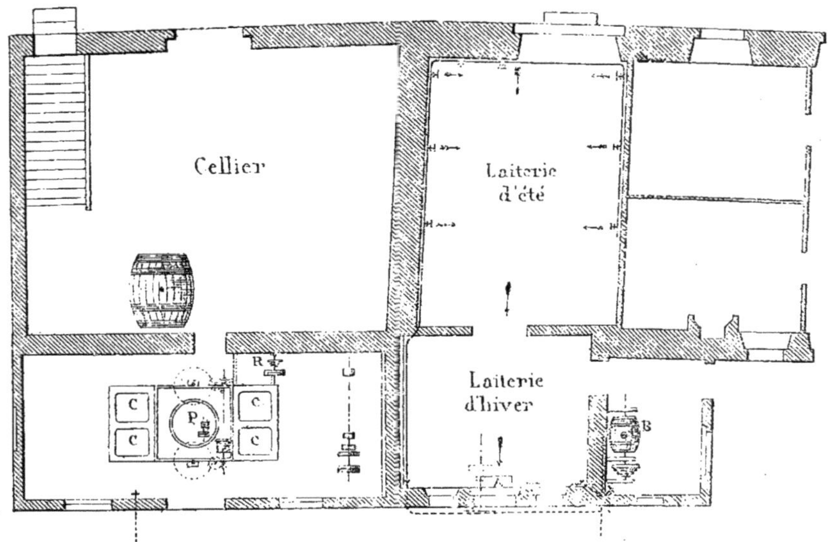

Fig. 96. — Plan de la partie des bâtiments de la ferme contenant le cellier, le pressoir et la laiterie (n°ˢ 13, 14, 15, 16 et 17 du plan général, figure 93).

A, calorifère de la laiterie ; B, baratte ; CC, cuves de trempage du pressoir ; P, pressoir ; R, pompe servant à refouler le cidre dans le cellier.

sont très simples, très robustes et le canal d'amenée est constitué par un tuyau métallique ; le canal de fuite peut être établi de la même façon, en totalité ou en partie. Parmi ces systèmes, qu'il n'y a pas lieu d'examiner ici en détail, citons les machines Leffel, type Samson, de Bookwalter et Tyler ; Alcott ; Ridsom ; Hunt ; Hercule ; Little Giant ; les moteurs à roues si curieux de Pelton (très employés en Californie), de la Eagle Cᵒ, etc., etc.

Les petits moteurs hydrauliques peuvent trouver des applications dans certains cas d'installation ; nous en donnons un exemple à la page 113.

(1) *Journal d'Agriculture pratique*, 1889, t. II, 26 septembre, page 461.

CHAPITRE IV

ATELIERS MUS PAR UN MOULIN A VENT

Dans les fermes des Etats-Unis on ne trouve pas à proprement parler d'atelier de préparation mécanique des aliments; on n'emploie pas de coupe-racines; les hache-maïs sont de l'excellent type à lames cylindriques dont la disposition fut indiquée en Angleterre en 1797 (machine de Salmon) et en 1804 (machine de Passmore, de Doncaster); certains hache-maïs à grand travail, mus par la vapeur, sont pourvus d'un élévateur chargé de transporter les produits coupés dans les granges-silos; le maïs destiné à l'ensilage est coupé en août-septembre et sert à l'engraissement des bœufs en hiver. Les appareils à cuire les aliments ne sont pas si perfectionnés que les nôtres, mais on emploie beaucoup d'appareils pour réchauffer l'eau nécessaire à la préparation des soupes et des barbotages.

La préparation mécanique des aliments consiste donc surtout, en Amérique, dans le broyage ou le concassage des grains à à l'aide de machines, mues par un manège direct, dont nous avons déjà donné un exemple, ou par un moteur à vent dont certaines installations pourraient avantageusement nous servir de modèles.

Presque tous les moulins à vent transmettent leur puissance au niveau du sol à l'aide de tringles en bois ou en métal (tubes en fer) animées de mouvements rectilignes alternatifs. La transmission par mouvement circulaire continu, plus compliquée, ne s'emploie que très rarement et est surtout réservée aux applications des moulins de grandes dimensions. Les Américains ont donc été conduits à employer des dispositions spéciales permettant l'emploi de mouvements alternatifs, pour la commande des différentes machines; nous allons passer en revue les types principaux que nous avons pu étudier lors de notre mission à Chicago.

a) Installations avec mouvements alternatifs. — Sans parler ici du moteur proprement dit et de son montage, disons qu'actuellement, en Amérique, on donne la préférence aux roues à ailes métalliques. En vue de diminuer le diamètre du moulin, on intercale une transmission par engrenages dans le rapport de 1 à 3. L'axe de la roue A (fig. 97) commande par un pignon *a* une roue *b* à denture

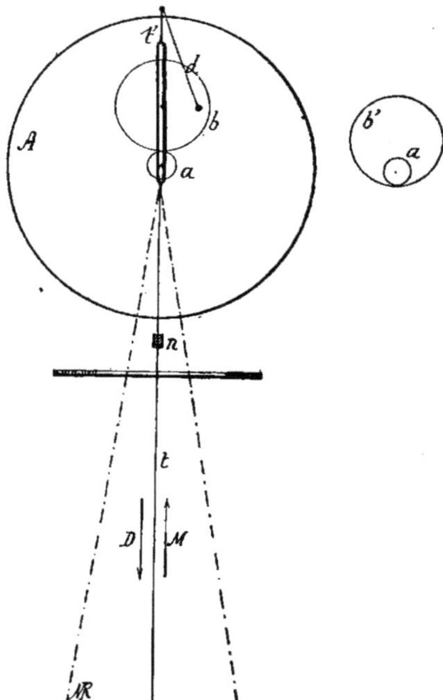

Fig. 97. — Moulin à vent; — principe de la transmission par mouvements alternatifs.

extérieure (placée généralement au dessus) ou *b'* à denture intérieure. La roue *b* porte le bouton de la manivelle *d*, reliée à la tringle de manœuvre *t' t*; en *n* se trouve un joint qui permet à la partie supérieure de la tringle *t'* de tourner avec la roue A dans le plan horizontal, suivant la direction du vent, tout en actionnant la tringle *t* qui est guidée tous les 3 mètres environ. Ainsi disposée, la roue A tourne rapidement et passe plus facilement les points de la course de la tringle *t* où l'effort à exercer est le plus élevé. Cette disposition a encore l'avantage de permettre le fonctionnement du moulin par les vents les plus faibles.

La tringle *t* est donc animée successivement de mouvements D de haut en bas,

Fig. 98. — Application d'un moulin à vent à une pompe et à une baratte (Sandwich Enterprise Cᵒ)

et M de bas en haut ; il faut, dans le mouvement descendant D demander peu d'effort à la tringle *t* qui se déformerait très facilement à la flexion, par suite de sa grande longueur et de l'écartement des guides ou des glissières ; il faut aussi combiner les machines actionnées par le moulin, afin que leur période de travail corresponde au mouvement ascendant M de la tringle *t*, qui dans ce cas, n'a à résister qu'à l'extension, travail pour lequel elle est d'ailleurs bien établie. L'application de cette règle peut se faire facilement, lorsqu'on emploie les pompes aspirantes et élévatoires dans lesquelles l'effort maximum a lieu pendant la course ascendante du piston ; mais pour les moulins et les broyeurs de grains il a fallu adopter certaines dispositions spéciales. Enfin, pour les machines qui ne demandent qu'un effort très faible, comme par exemple les barattes, on peut faire travailler la tringle *t* dans ses deux périodes de mouvement D et M.

La figure 98 montre l'application d'un moulin à vent à une pompe et à une baratte (Sandwich Enterprise C°, de Sandwich, Illinois), et la figure 99 donne

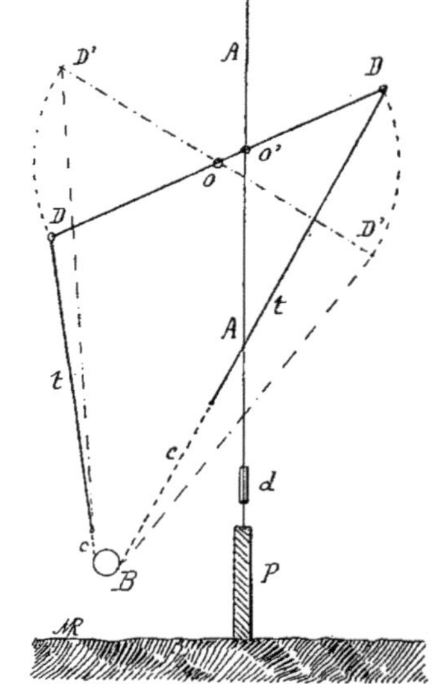

Fig. 99. — Principe de la transmission du mouvement de l'installation de la fig. 98.

le schéma de la transmission. En dessous du pylône se trouve une petite construction en bois appelée la *laiterie* ; au centre est placée la pompe P, dont le piston est actionné par la tige verticale A, qui traverse le comble de la construction pour se raccorder au mécanisme du moulin à vent ; un débrayage placé en *d* permet d'arrêter, à volonté, le mouvement du piston de la pompe.

L'eau fournie par la pompe P traverse un réservoir en bois, ou *timbre*, destiné à loger le lait ; souvent ce réservoir sert aussi de garde-manger, indispensable dans ces pays où règne pendant les mois d'été une chaleur accablante. Les timbres sont à 2 compartiments ; dans le premier (garde-manger), l'eau circule dans une double enveloppe en zinc, puis passe

dans le deuxième compartiment où elle baigne les pots métalliques contenant le lait ; ce sont généralement des écrémeuses du genre Cooley ; enfin, de là, par un tuyau souterrain, l'eau s'échappe dans l'abreuvoir de la cour de la ferme, dont le trop-plein se rend ordinairement à la mare de la porcherie. Comme on le voit par ces quelques lignes, l'installation hydraulique des fermes américaines est très bien comprise, et il serait à souhaiter d'en voir l'application dans notre pays.

La baratte B est actionnée par une chaîne de transmission *c* passant sur une roue dentée ; les deux extrémités de la chaîne sont reliées à des tringles *tt*, qui traversent le comble de la construction et s'articulent à un balancier en bois D, mis en mouvement par la tige A A du moulin, qui l'entraîne par un simple étrier articulé en *o'* ; l'axe de rotation *o*, du balancier D, est soutenu par deux moises reliées au pylône.

Les barattes employées en Amérique, lorsqu'elles sont commandées par un moulin à vent à tringle alternative, comme dans l'exemple ci-dessus, sont généralement constituées par des tonneaux dont l'axe de rotation passe par la bonde.

La figure 100 représente un autre mode de commande de baratte de la Sandwich Enterprise C° ; on retrouve sur la figure 101 le schéma de la transmission : à la tige A du moulin est articulé, en *n*, le balancier B O mobile autour du point O ; une tringle verticale B C s'articule, en B, au balancier B O. Cette disposition a pour but d'amplifier la course de la tringle A dans le rapport de $\frac{BO}{On}$, afin d'obtenir un certain nombre de révolutions de la baratte M par course de la tige A. Comme l'indique le dessin, la transmission du mouvement de la tringle C à l'axe M s'effectue par deux chaînes passant sur deux roues dentées, l'une attachée en *a* et en *b*, la seconde en *b* et en *d* ; lors du mouvement ascendant, c'est la chaîne *ab* qui agit, l'autre est lâche ; dans le mouvement descendant, la chaîne *bd* agit à son tour, la première n'étant pas tendue ; de cette façon, la transmission se fait par des chaînes qui travaillent toujours à l'extension.

Lorsque les machines à faire mouvoir sont à une grande distance de l'aplomb du moulin, on a recours à une transmission articulée dite à *quadrants*, dont les figures 102 et 103 donnent des exemples.

En A est la tige du moulin, en B la tringle de la machine à actionner. Le mouvement est transmis par les manivelles *m* et *m'*, tournant autour des centres *o* et *o'*, et par les tringles en fer rond *t* et *t'*, munies des tendeurs *k* et *k'*. Les tringles *t* et *t'* ont une longueur quelconque et travaillent toujours à l'extension ; les croisillons *m* sont en fonte. Les tringles sont croisées dans la figure 102; elles sont parallèles dans la figure 103, disposition qui est préférable, car elle permet de placer le moulin A (fig. 104) à

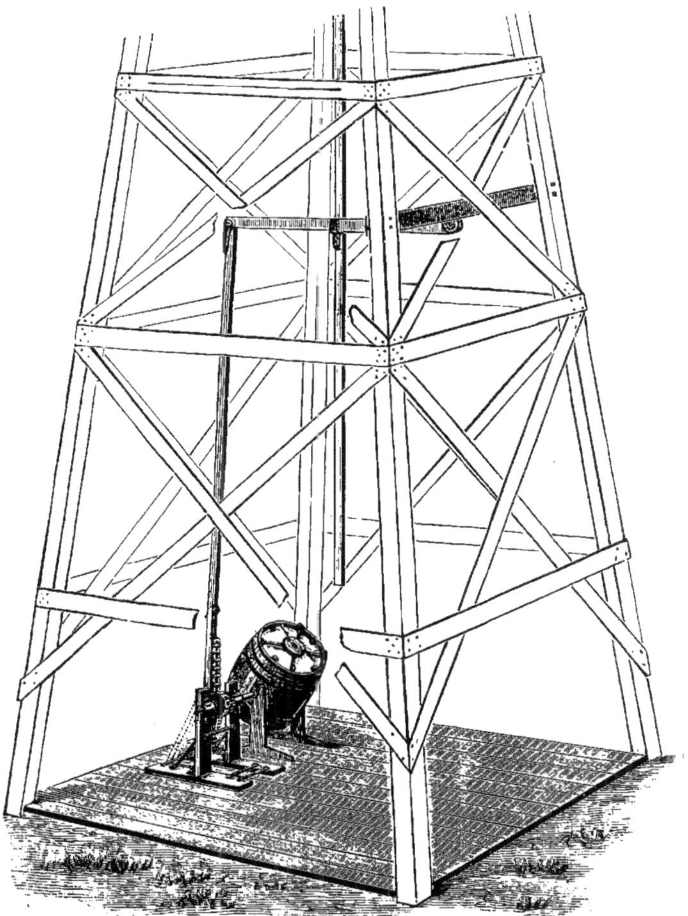

Fig. 100. — Baratte actionnée par un moulin à vent (Sandwich Enterprise Cº)

une distance quelconque du bâtiment B des machines, à la condition de soutenir, tous les 8 ou 10 mètres, les tringles *t* et *t'* par des poulies à gorges fixées à des poteaux C , de hauteur convenable.

On commande également par mouvements alternatifs d'autres machines que des barattes ; ce sont généralement des moulins à maïs. Dans ce cas, il y a une roue à rochets intercalée sur la transmission afin que les pièces travaillantes de la machine ne tournent toujours que dans un seul sens.

La figure 105 montre l'application de la transmission par chaîne, indiquée précédemment (Sandwich Enterprise Cº), à un moulin à maïs (fig. 106). Le moulin est placé dans une petite construction, au-dessous d'une grande trémie contenant la réserve du grain à concasser.

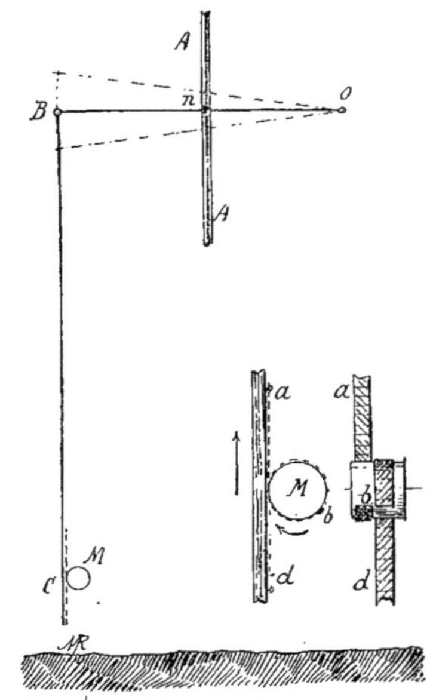

Fig. 101. — Principe de la transmission du mouvement de l'installation (fig. 100).

Afin d'assurer un travail automatique sans nécessiter la présence continuelle d'un ouvrier, l'installation comprend, en principe, un boisseau à grains C (fig. 107) d'une contenance de 13 à 15 hectolitres. Le grain, déversé dans le coffre A, est élevé en C par une chaîne à godets B, mue par le moulin à vent. Le boisseau C communique par un conduit a avec la trémie du moulin M ; le concassage se rend par le conduit b, dans un coffre D (de 10 hectolitres) placé au niveau du sol. Le remplissage du boisseau C a lieu de temps à autre ou pendant le fonctionnement du moulin M. Le moulin est ainsi toujours alimenté et, aux heures des repas, les ouvriers viennent prendre dans le coffre D la quantité de concassage qu'il est nécessaire de donner aux animaux.

Dans certaines installations, le concasseur est fixé au plancher d'un bâtiment latéral au pylône du moulin à vent ; la commande a lieu par une tringle mue par un levier coudé.

La tringle E (fig. 108), ne devant travailler qu'à l'extension, sa période d'action correspond au mouvement m ; la tringle s'articule à la manivelle a, mobile autour du centre o de la machine, et l'attache a lieu à une distance variable du point o, afin de pouvoir modifier l'angle d'action a' a''. La manivelle a porte un doigt d qui

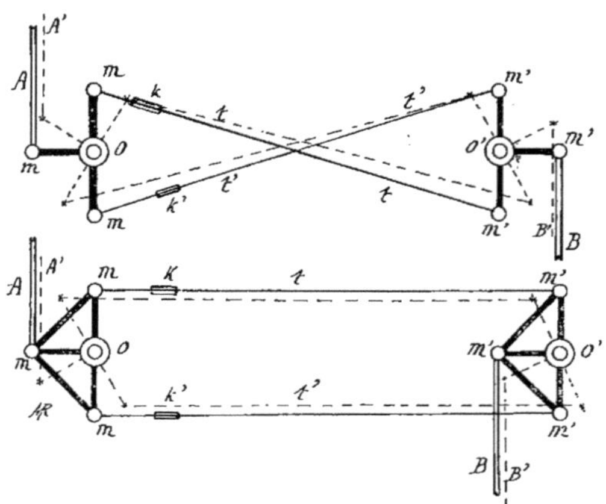

Fig. 102 et 103. — Transmission par tringles articulées, dite à *quadrants*.

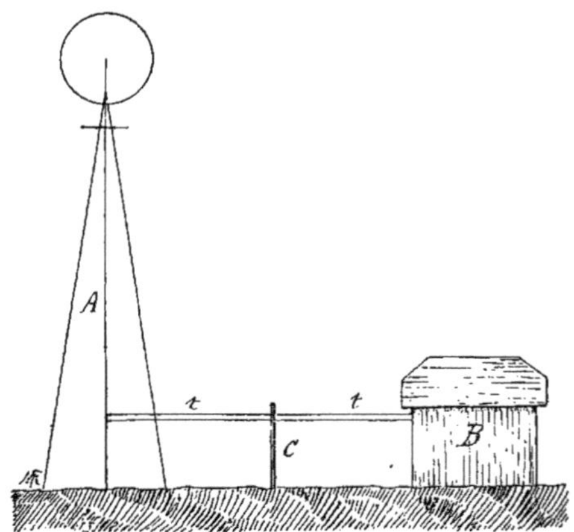

Fig. 104. — Principe d'installation d'un moulin à vent actionnant des machines placées dans un bâtiment éloigné du pylône.

n'agit, sur le rochet intérieur C, que dans le sens du mouvement m, de sorte que le retour a'' a' de la manivelle (correspondant au travail de compression de la tringle E) s'effectue sans entraîner les meules et par suite avec une résistance extrêmement faible.

b. Installations avec mouvements continus. — Pour les grands moulins, la transmission de la puissance aux machines situées près du sol s'effectue souvent par un mouvement circulaire donné à un axe vertical au moyen d'engrenages d'angles.

La disposition la plus simple consiste à fixer à l'extrémité de l'arbre A, de la roue R (fig. 109), un engrenage cône B, commandant un pignon C fixé à l'extrémité de l'arbre vertical D ; cet arbre D passe par l'axe du pylône. Pour les roues B et C on adopte généralement le rapport.

$$\frac{B}{C} = \frac{6}{1}$$

Lorsqu'on emploie des grandes roues, on intercalle une transmission supplémen-

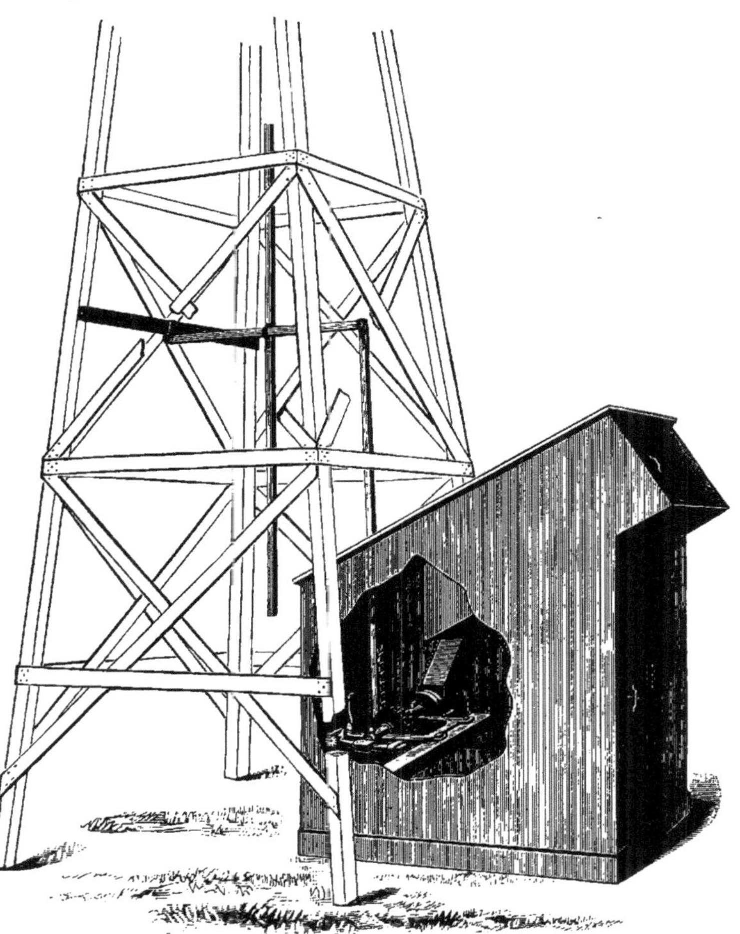

Fig. 105. — Moulin à maïs, actionné par un moulin à vent (Sandwich Enterprise Cº)

laire ; la figure 110 en donne le principe. L'arbre A de la roue du moulin porte une roue à denture intérieure B, qui engrène avec un pignon C claveté sur un arbre a, lequel porte à l'autre extrémité une roue cône D, commandant le pignon E fixé à la partie supérieure de l'arbre vertical b ; un débrayage m est actionné du sol, par une chaîne ou une corde c qui s'attache à un levier l, mobile autour du point o ; un resssort r tend à débrayer le pignon E dès qu'on largue la corde c.

Au niveau du sol, ou du plancher, la transmission devient horizontale par deux roues d'angles qui ne présentent rien de particulier.

Il est préférable de mettre le débrayage à la partie supérieure de l'arbre vertical, comme l'indique la figure 110, plutôt qu'en bas, afin d'éviter, pendant les arrêts des

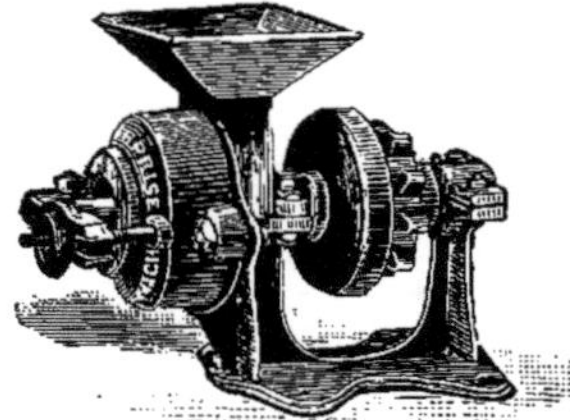

Fig, 106. — Moulin concasseur à maïs (Sandwich Enterprise Cᵒ).

machines, de faire tourner inutilement cet arbre.

Nous n'insisterons par sur les installations américaines par arbre, les commandes des machines s'effectuant au moyen de courroies.

La figure 111 en donne un exemple ; le moulin à vent établi au-dessus de l'atelier de préparation des aliments, actionne un arbre de couche horizontal qui commande par courroies une égreneuse à maïs, un élévateur, un moulin à maïs et une meule à affûter les outils de la ferme.

Voici quelques indications que nous avons relevées en Amérique sur le travail pratique des moulins pour broyer le maïs :

Diamètre de la roue du moulin à vent.	Moulin à maïs	
	Nombre de tours par minute.	Quantité broyée par heure, suivant l'intensité du vent.
3ᵐ,60	600 à 800	180 à 300 litres.
5ᵐ,30	-	180 à 720
8ᵐ,30	—	{ 360 farine, { 720 concassage.

Travail annuel.

4ᵐ,00	École d'agriculture de Champaign de l'Etat d'Illinois ; fonctionne plus de 200 jours par au ; prépare les aliments des bestiaux de l'exploitation.	
4ᵐ,60	Pompe à eau pour 100 têtes de bétail.	Concassage du maïs pour l'alimentation de 25 vaches.
6ᵐ,60	Ferme de 20ʰ, pompe.	Concassage de 850ʰ de maïs par an.

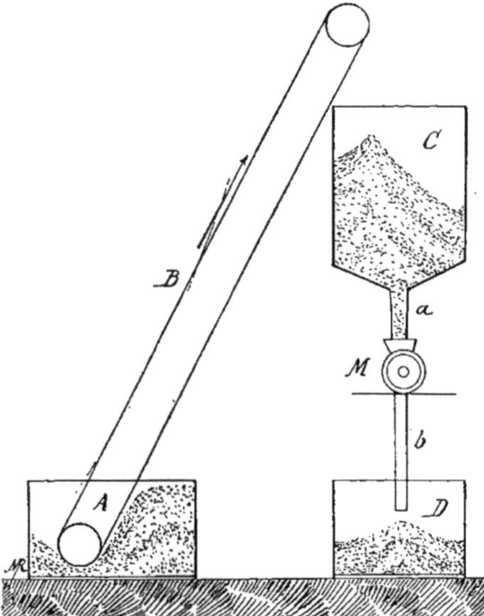

Fig. 107. - Principe de l'installation d'un moulin à maïs.

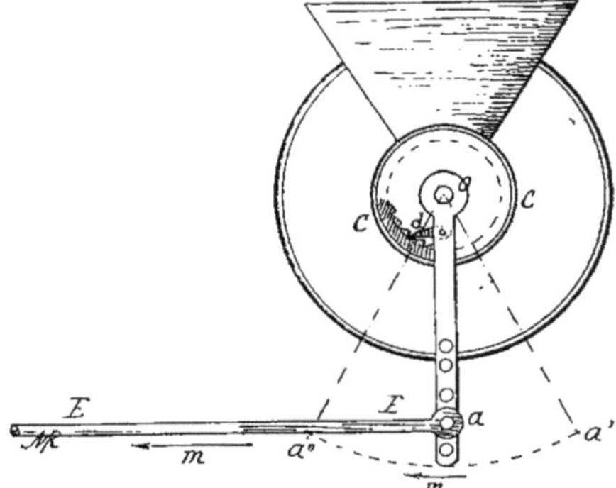

Fig. 108. — Moulin-concasseur à mouvements circulaires périodiques.

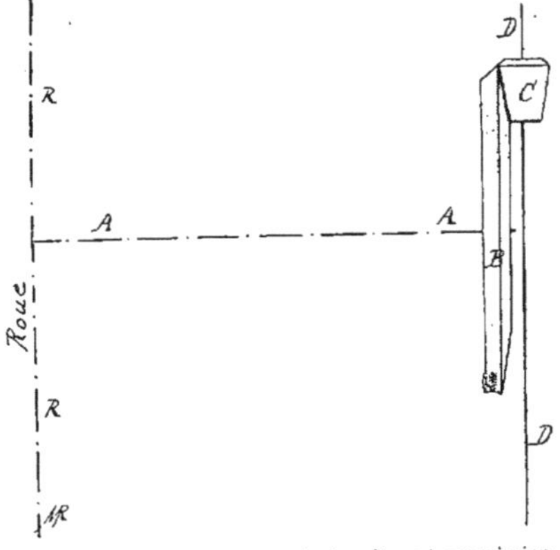

Fig. 109. — Moulin à vent ; principe d'une transmission par engrenages.

Enfin, comme exemple d'utilisation d'un moulin à vent déjà installé, nous donnerons le projet ci-dessous que nous avons eu occasion d'étudier pour une ferme de la Sarthe (1).

Il existe dans le domaine un moulin à vent A, (fig. 112) qui actionne des pompes P; cette machine, placée dans le jardin, se trouve à 78 mètres de la grange G. On désire employer, en hiver, la puissance fournie par le moulin à vent pour actionner, dans la grange G, les machines destinées à la préparation mécanique des aliments du bétail, hache-paille, concasseur, etc.

En outre, dans la laiterie C, on a l'intention de faire fonctionner une baratte et d'après les renseignements, on dispose, dans le local C, d'une canalisation d'eau ayant une charge de 5 mètres environ.

Cherchons d'abord la puissance disponible du moulin à vent, qui, dit-on, peut

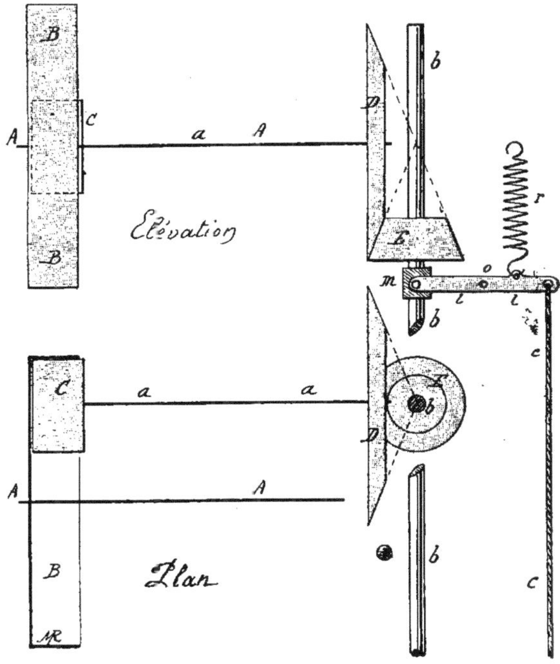

Fig. 110. — Moulin à vent; principe d'une transmission par engrenages.

élever en 24 heures 300,000 litres d'eau à 1 mètre de hauteur. Le volume d'eau élevé par seconde est :

$$\frac{300,000}{24 \times 60 \times 60} = 3 \text{ lit. } 47.$$

soit une puissance de près de 3 kilogrammètres et demi par seconde. Ce chiffre est très faible, mais il y a lieu de remarquer que le constructeur l'a donné comme étant le résultat de la division par 365 de la quantité d'eau totale élevée à 1 mètre de hauteur dans le courant d'une année.

Nous croyons que, avec les dimensions de la roue du moulin, on peut compter sur une puissance de 40 à 50 kilogrammètres par seconde pour un vent d'intensité moyenne.

Comme il faudra deux transmissions, une de A en G, l'autre dans la grange G allant aux machines (hache-paille, concasseur, etc.,) nous pouvons chercher à évaluer la puissance probable disponible en G, afin de voir s'il y a intérêt à faire une installation.

Fixons le rendement de la transmission A G à 70 0/0, et celui de la transmission G à 80 0/0; en nous basant sur 40 kilogrammètres par seconde au moulin à vent, on

(1) Journal d'Agriculture pratique 1894, T. I page 30.

aurait une puissance disponible aux machines de :

$$40 \times 0,7 \times 0,8 = 22,4$$

Donc, en ne comptant que sur 20 kilogrammètres par seconde, on pourra actionner utilement différentes machines dont le débit sera environ le double de celui obtenu en les faisant tourner à bras (un homme donne par seconde 6 kilogrammètres s'il travaille à la journée, et 9 à 11 s'il travaille à la tâche).

Il est prudent de ne compter faire fonctionner les machines que consécutivement; ce n'est que par les vents favorables qu'on pourra faire fonctionner le hache-paille et le concasseur simultanément.

Afin de simplifier la transmission dans la grange G, et d'économiser les courroies, on peut adopter l'intermédiaire à plaque tournante de Faul (ou une disposition analogue) dont nous avons déjà signalé l'application pour les installations d'ateliers mus par un manège (1).

Pour le concasseur, on peut faire une installation avec alimentation continue et automatique, comme dans les applications américaines (2).

La transmission A G, de 78 mètres de longueur, peut se faire au moyen d'un

Fig. 111. — Moulin à vent américain actionnant un atelier de préparation des aliments.

(1) Voir page 84, fig. 75.
(2) Voir page 110, fig. 107.

câble métallique, de petit diamètre, (au sujet desquels nous avons déjà donné ces renseignements). Mais comme la machine motrice placée en A est animée d'un mouvement varié, nous recommandons de placer la poulie de commande, en A, avec un cliquet d'entraînement afin que la transmission ou les machines G n'aient pas de tendance à entraîner la roue du

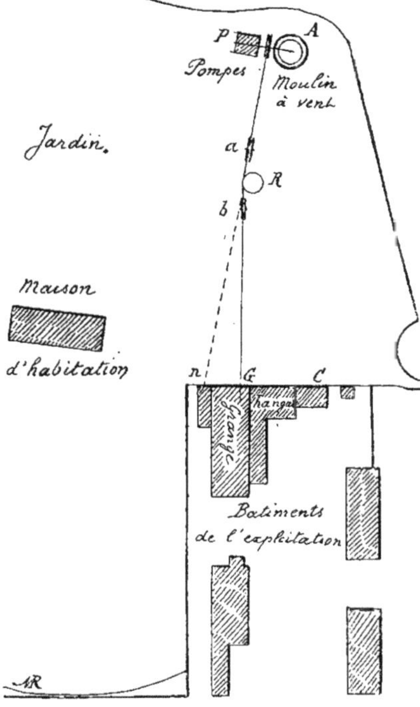

Fig. 112. — Plan d'une transmission par câble d'un moulin à vent aux bâtiments de la ferme.

moulin (il s'agit ici d'un rochet avec un ou deux cliquets comme on en trouve appliqués aux arbres de transmission des manèges).

L'arbre qui réunit le moulin A aux pompes P n'est pas parallèle au bâtiment G (la perpendiculaire A tombe en n, à 10 mètres environ du point G); on peut dévier dans le plan horizontal la ligne de transmission A G, en plaçant, en un endroit convenable, deux rouleaux R à axe vertical (un pour chaque brin du câble).

Chaque brin du câble passera sur une poulie verticale a (ou b) *avant* d'être dévié sur le cylindre R, qui peut être remplacé avantageusement par une poulie horizontale de 0ᵐ,50 de diamètre.

Le calcul du diamètre du câble dépend de sa vitesse (diamètre de la poulie de commande et vitesse de l'arbre A P), et de la puissance à transmettre; pour cette dernière, il faut compter sur un travail simultané des différentes machines G, afin de pouvoir utiliser l'installation pendant les grands vents. — Pour ce calcul, voir page 87.

Dans la laiterie C, il s'agit d'actionner une baratte à disque; disposant dans ce local d'une conduite d'eau sous une charge de 5 mètres, on peut employer un petit moteur hydraulique, constitué par

Fig. 113. — Moteur à eau (E. H. Cadiot et Cᵉ.)

une roue garnie de palettes ou de petits augets.

Nous pouvons dresser l'avant-projet du moteur hydraulique, en admettant un travail nécessaire de 6 kilogrammètres par seconde.

Ces moteurs hydrauliques, très simples dont nous parlons ici, ont un rendement de 30 0/0 sous une charge de 20 à 25 mètres d'eau; sous une charge de 5 mètres, le rendement doit probablement s'abaisser à 20 0/0. Le volume d'eau nécessaire sera de :

$$\frac{6}{0.2 \times 5} = 6 \text{ décimètres cubes par seconde.}$$

Le calcul du diamètre du tuyau d'arrivée est le suivant :

Vitesse d'écoulement :
$$0.6 \sqrt{2\,g\,h} = 0.6 \times 9^m,9 = 5^m,94$$

Section du tuyau : 10 centimètres carrés.
Diamètre du tuyau : 36 millimètres.

Les moteurs dont nous parlons, sont constitués, comme la roue Pelton, par un disque vertical dont la périphérie est garnie d'augets; l'eau entre sous pression par un ajutage et frappe sur les augets.

La figure 113 représente un moteur dit *Démon*, de plus grandes dimensions, muni d'un régulateur de vitesse; dans cette figure, le moteur actionne une petite dynamo. Pour l'application dont il s'agit ici, on commandera la baratte par une corde passant dans deux poulies à gorge, l'une (de petit diamètre) au moteur, l'autre calée sur l'axe de la baratte.

Ces moteurs tournent quelquefois à une grande vitesse (de 800 à 900 tours par minute) et la baratte doit faire 35 à 40 tours par minute; il faudra réduire la vitesse dans le rapport de 1 à 20, et pour cela il sera bon de prendre deux renvois de poulies dans les rapports de 1 à 5 et de 1 à 4, ainsi disposés par exemple :

Moteur.........	Poulie de	0.08	»	
Intermédiaire . {	—	0.40	»	
	—		»	0.10
Baratte.........	—		»	0.40

Il va sans dire que si le moteur tournait plus lentement, on modifierait ces dimensions.

Enfin, on peut faire faire une petite roue à augets en tôle pour actionner la baratte.

CHAPITRE V

ATELIERS MUS PAR UN MOTEUR ÉLECTRIQUE

La transmission de la puissance par l'électricité s'installe avec une merveilleuse facilité, l'organe essentiel étant un fil, un câble, qu'on fait passer à l'endroit le plus commode : sous terre, en l'air contre un mur, etc. (1)

Rappelons en peu de mots le principe de ces transmissions électriques. Un moteur quelconque M (fig. 114), (à vapeur, hydraulique, etc.), placé dans le batiment A, actionne une dynamo G chargée de transformer la puissance mécanique de la machine motrice M en énergie électrique; — le courant fourni par la machine G, qui porte le nom de *génératrice*, est envoyé par les fils conducteurs L, à la dynamo R, et revient à la génératrice par un autre fil, dit fil de retour. La ma-

Fig. 114. — Principe d'une transmission d'énergie électrique.

chine R, appelée *réceptrice*, transforme à son tour l'énergie électrique qu'elle reçoit en puissance mécanique et actionne les machines diverses N placées dans le batiment B.

Un très bel exemple de transmission électrique se rencontre sur le domaine de Noisiel, appartenant à MM. Menier. L'installation que nous avions visitée en 1889, fonctionnant avec des courants continus, fut remplacée en 1893 par des courants alternatifs qui permettent d'employer des machines plus simples et plus robustes avec des conducteurs de petite section;

une étude de cette installation a été faite par M. Paul Boucherot (2) et nous en extrayons les passages principaux suivants :

MM. Menier possèdent à Noisiel (Seine-et-Marne) un vaste domaine sur lequel sont bâtis plusieurs villages, avec distribution d'eau, chemin de fer particulier, fermes et la chocolaterie bien connue.

La chocolaterie, installée sur le bord de la Marne, est actionnée par trois turbines de 200 chevaux qui peuvent être accouplées. A deux kilomètres environ se trouve la ferme du Buisson où l'on utilise l'énergie électrique pour l'éclai-

---

(1) Ringelmann, *l'électricité dans la ferme*, à la librairie agricole.

(2) *La lumière électrique*, mai 1894. — *L'industrie électrique*, 10 juillet 1894.

rage et le fonctionnement de diverses machines agricoles.

Pour la description de cette installation faite par la Société centrale de Pantin (Weyher et Richemond), nous nous aiderons du schéma (fig. 115) et des dessins suivants ; nous laisserons de côté l'étude spéciale des machines, transformateurs, tableaux de distribution, etc., qui sortirait du cadre de notre sujet. Dans la salle

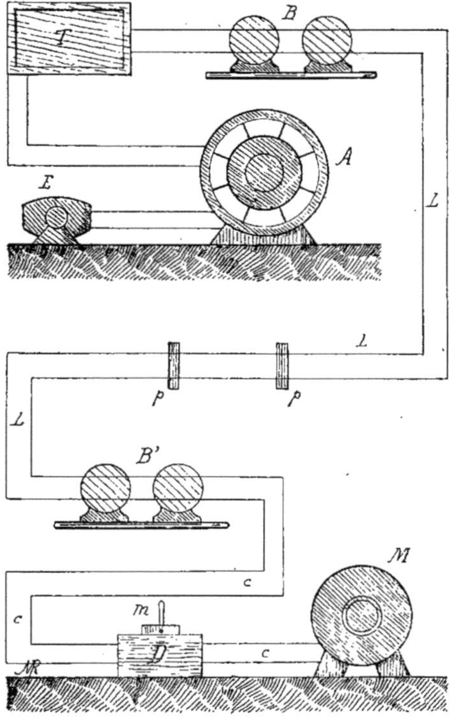

Fig. 115. — Schéma de l'installation électrique de Noisiel.

des turbines, à l'usine de Noisiel, une transmission spéciale actionne l'excitatrice E et la génératrice constituée par un alternateur A du système C.-E.-L. Brown; l'alternateur est entraîné par un embrayage magnétique de Bovet qui, en pleine charge, absorbe 50 volts et 1,5 ampère, fournis par l'excitatrice.

L'excitatrice E (fig. 115) bipolaire, qu'on aperçoit dans le fond de la fig. 116, tournant à 1,800 tours par minute, donne un courant de 90 volts et de 15 ampères.

L'alternateur biphasé A, de 75 chevaux à 8 pôles, fait 600 tours par minute, ce qui correspond à une fréquence de 40 pé-

riodes par seconde. Il pèse 2,700 kilogr. et peut donner aux bornes de chaque phase 150 volts et 165 ampères, soit 50,000 watts. On a préféré, au point de vue de la sécurité et de la facilité de construction de la dynamo, produire l'énergie à bas potentiel (150) et la transformer, pour la transmettre à haut potentiel (2,700 volts).

Les courants de l'alternateur se rendent au tableau de distribution T (qu'on voit dans le fond de la figure 116, à côté de l'excitatrice), et de là passent à deux transformateurs de Brown, B.

Ces transformateurs (figure 117) élèvent la tension de 150 à 2,700 volts, avec un rendement à pleine charge de 96 0/0 environ ; ils sont chacun de 15,000 watts, soit en tout 30,000 watts seulement utilisés sur les 50,000 que peut donner l'alternateur. L'ancienne installation avec machines Gramme à courants continus, était à 250 volts.

En sortant des transformateurs, la ligne L (fig. 115) de 2 kilomètres de longueur environ, est souterraine sur 500 mètres, aérienne sur près de 1,000 mètres, traverse souterrainement une route départementale pour redevenir aérienne jusqu'à l'entrée de la ferme. Deux parafoudres p sont intercalés sur la ligne ; ils remplissent en même temps l'office d'interrupteurs bipolaires et de coupe circuits.

Les conducteurs souterrains sont constitués par un câble armé de deux bandes d'acier enroulées en sens contraire, renfermant 4 torons, chacun de 7 millimètres carrés de section, isolés au caoutchouc et sous plomb fabrication Ménier).

Les parties aériennes sont en bronze siliceux (4 fils de $0^m,003$ de diamètre).

La résistance totale de chaque circuit (aller et retour) est de 4,5 à 5 ohms ; la perte en charge est de 2 0/0 environ (et tombe à 0,2 0/0 à dixième de charge. Le rendement de la ligne pour diverses charges des transformateurs peut être admis de 0,98 à pleine charge, 0,99 à demi-charge, et 0,998 au dixième de charge.

A l'arrivée le câble passe par deux transformateurs B' semblables à ceux du départ; la seule différence réside dans ce que l'enroulement secondaire est à

105 volts au lieu de 150. De là, les courants de 105 volts sont conduits aux appareils utilisateurs M par des câbles c de 50 millimètres carrés de section pour chacun des deux gros moteurs.

Les moteurs de 15 chevaux, qui peuvent fournir 20 chevaux sans échauffement dangereux, pèsent chacun 520 kilogr. et font environ 800 tours par minute. Un appareil spécial D permet le démarrage lors de la mise en marche des réceptrices, en reliant les deux circuits en

Fig. 116. — Vue de la salle des machines à l'usine de Noisiel.

dérivation sur des bobines de self-induction, qui sont elles-mêmes montées en dérivation sur les deux circuits. Ces bobines se comportent comme un transformateur pouvant donner un courant intense, nécessaire au démarrage, tout en ne prenant qu'un courant de faible intensité sur la canalisation; le courant nécessaire au démarrage peut rester inférieur au courant normal, ou ne le dépasser que de 40 à 50 0/0 au maximum. Lorsque la vitesse de la réceptrice est suffisante, par un levier m (fig. 115) on supprime brusquement les communications avec le démarreur D et on relie directement et rapidement la réceptrice M aux transforma-

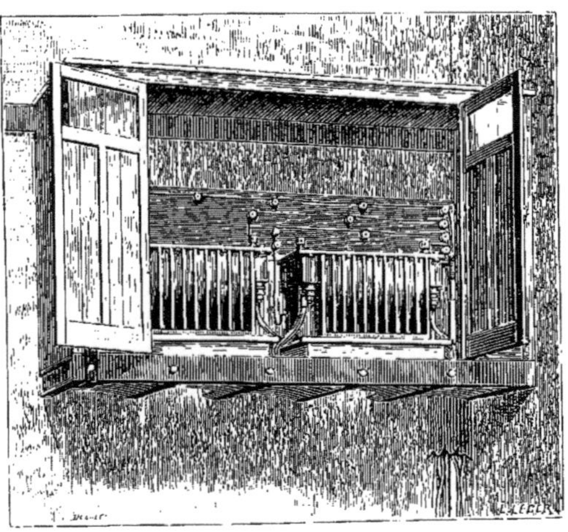

Fig. 117. — Transformateurs Brown (Société centrale de Pantin).

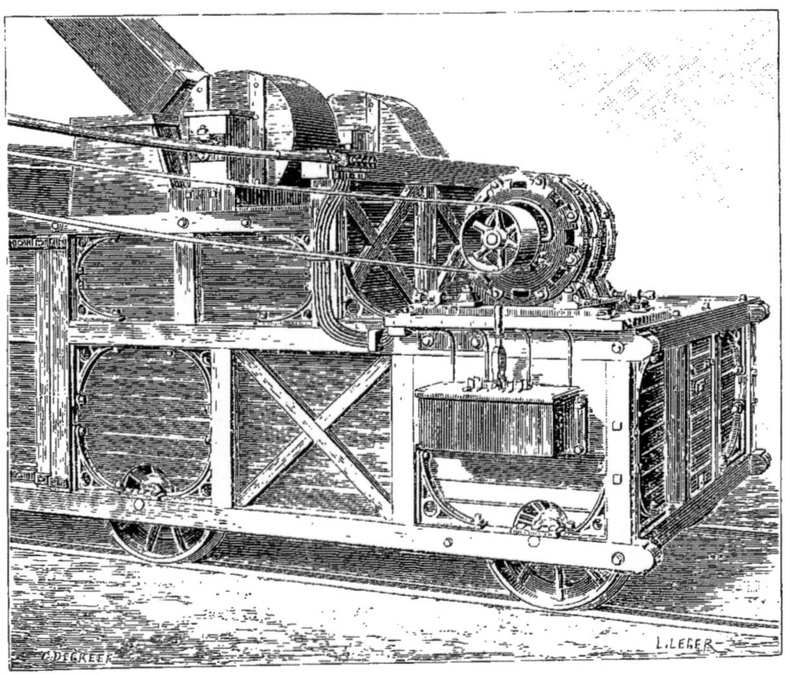

Fig. 118. — Batteuse locomobile mue par moteur électrique.

teurs B′. Ce dispositif supprime les bagues frottantes ou autres systèmes combinés dans le but d'intercaler des résistances de démarrage dans le circuit de l'induit fermé.

L'un des moteurs de 15 chevaux

actionne la batteuse montée sur wagon (fig. 118), l'autre, de même puissance, commande la transmission de l'atelier de préparation mécanique des aliments que représente la figure 119 : laveur de racines, élévateur de racines, coupe-ra-

Fig. 119. — Atelier de préparation des aliments du bétail de la ferme du Buisson.

cines et hache-paille. Enfin, un petit moteur de 1 cheval 1/2 actionne un treuil pour la manutention des bottes de foin.

Le rendement total de la distribution de la puissance varie de 61 à 69 0/0, dans les différentes conditions suivantes :

1º *A pleine charge des transformateurs, les deux gros moteurs marchant seuls.*

Puissance utile aux deux gros moteurs :

26 poncelets,
34.6 chevaux-vapeur.

Rendement total de la distribution.... 69 0/0

2º *Pour une charge moyenne des trois moteurs.*

Puissance utile aux trois moteurs :

10 — 10 — 1 poncelets,
13.3 — 13.3 — 1.3 ch.-vap.

Soit en tout 21 poncelets ou 27.9 chevaux-vapeur.
Rendement total de la distribution 69, 5 0/0

3º *Pour la batteuse fonctionnant seule à charge moyenne.*

Puissance utile au moteur :

10 poncelets,
13.3 chevaux-vapeur.

Rendement total de la distribution 61, 3 0/0

Nous croyons devoir faire remarquer que la puissance mécanique fournie à l'atelier de préparation des aliments du bétail (10 poncelets ou 13,3 chevaux-vapeur) nous semble bien trop considérable ; à moins, qu'en pratique, on n'utilise pas toute cette puissance.

Si nous insistons sur ce fait, c'est afin que le lecteur ne croie pas qu'il soit nécessaire d'une semblable puissance pour établir économiquement des transmissions électriques, dont on ne peut que souhaiter de nombreuses applications en agriculture.

L'installation de Noisiel comprend encore quelques dizaines de lampes à incandescence (pour le service des écuries, étables, bouveries, granges) et quelques lampes à arc.

Une installation électrique se trouve en Italie, au domaine de Fraforéano, situé au sud de la province de Frioul, à peu de distance de Latisana, station du chemin de fer de Udine à Portogruaro et à Venise. Nous extrayons les quelques lignes qui suivent d'un article publié sur ce domaine, par M. Louis Petri, directeur de l'école pratique d'agriculture de Pozznolo del Friuli (Udine) (1).

Le propriétaire du domaine, M. le comte de Asarta, a utilisé la puissance d'un ancien canal, dit la *Roggia Barbarigo* (du nom de l'ancienne famille patricienne de Venise qui possédait le Fraforéano). La machine motrice est une roue hydraulique en fer, à aubes courbes, de 7ᵐ,50 de diamètre, d'une puissance de plus de 20 chevaux. Elle actionne la dynamo-génératrice donnant 720 volts et 18 ampères, soit 12,960 watts; dans une salle voisine se trouve le tableau de distribution et les appareils régulateurs.

L'énergie électrique est envoyée dans les champs (la plus grande distance est de 3 kilomètres), où elle actionne un treuil de labourage Howard, que nous ne pouvons étudier dans ce chapitre.

A la ferme, un moteur électrique fixe commande l'écrémeuse centrifuge et les barattes; un autre petit moteur, monté en locomobile, sert tour à tour à mettre en mouvement la pompe à purin, le hache-paille, le coupe-racines, la batteuse, des élévateurs à fourrage, des presses et les machines de l'atelier de réparation.

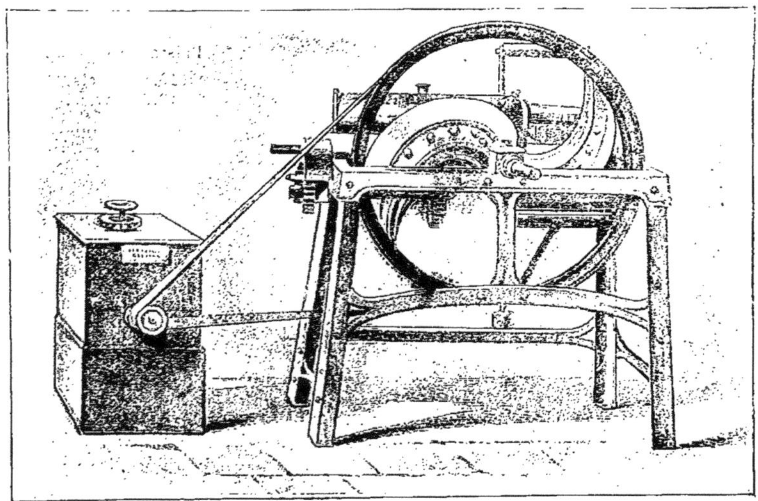

Fig. 120. — Hache-paille mû par un moteur électrique (Crompton Cᵒ.)

La dynamo-génératrice fournit aussi la lumière dans toutes les parties de la ferme, y compris les étables, et une partie du courant est utilisé pour l'éclairage des rues du village voisin.

Pendant l'été 1894, une installation de la maison Ganz et Cⁱᵉ a été faite au domaine de Ugarte Lowatell, en Moravie. La station centrale (2) comprend une machine à vapeur de 30 chevaux actionnant une génératrice à courant continu de 35 ampères sous 620 volts (21,700 watts); le circuit, de 10 kilomètres de longueur, envoie le courant à un moulin à farine, une ferme, une laiterie et à deux autres fermes séparées qui ont chacune un moteur de 10 chevaux monté en locomobile (pour batteuse, pompe, hache-paille, etc.); pendant l'hiver, un de ces moteurs fournit la puissance à une brasserie-distillerie située près l'une des fermes.

Nous pouvons encore citer l'installation électrique faite par M. Tailhades chez M. Félix Prat, à Enguibaud, à Saint-Paul-Cap-de-Joux (Tarn) (3); cette installation, mue par une turbine de 20 à

(1) *Journal d'Agriculture pratique*, 1894, tome II, page 865.
(2) *Bulletin international de l'électricité*, nᵒ 11, 1895.

(3) Voir *Labourage à l'électricité*, *Journal d'agriculture pratique*, 1895, tome II.

30 chevaux, quoique établie pour l'éclairage et le labourage, pourra trouver des applications dans le fonctionnement des machines destinées à la préparation des aliments du bétail de l'exploitation.

Les réceptrices peuvent commander directement par courroie les différentes machines, sans nécessiter un arbre de couche; la batteuse dont il a été parlé plus haut en est un exemple, et il y en a de nombreux dans les ateliers industriels. Pour terminer, nous donnerons l'installation suivante de la Crompton C°.

La figure 120 représente un hache-paille actionné par un moteur électrique; le moteur est enfermé dans une boîte qui porte en même temps les résistances et le commutateur. La poulie du moteur commande directement, par courroie, le volant du hache-paille. D'après la Crompton C°, le prix de revient du travail est le suivant, en fixant le prix de l'unité électrique à 0 fr. 57 : le courant utilisé par le hache-paille revient à 0 fr. 04 par botte ou à 1 fr. 82 par tonne anglaise (1,015 kil.) de foin coupé.

Avec deux hommes pour le service de la machine (alimentation et dégagement), le prix de revient du travail est de 6 fr. 25 par tonne de foin coupé, sans compter les frais fixes (amortissement, service et entretien des machines), qui peuvent se répartir sur un nombre variable de journées de travail par an.

L'application agricole d'une transmission électrique, même de petite puissance (4 à 6 chevaux) est économique, si l'on dispose d'un moteur hydraulique, et dans beaucoup de cas, les agriculteurs peuvent trouver à louer à bas prix des petits moulins, situés dans le voisinage de la ferme, ou louer une partie de la puissance de ces moulins, ou enfin établir une chute d'eau spécialement affectée au service de l'exploitation.

TABLE DES MATIÈRES

PREMIÈRE SECTION

LES BRISE-TOURTEAUX

SECTION II

DES APPAREILS A CUIRE LES ALIMENTS DU BÉTAIL

SECTION III

DES APPAREILS A CHAUFFER L'EAU

SECTION IV

DES BROYEURS DE TUBERCULES

SECTION V

DES ATELIERS DE PRÉPARATION MÉCANIQUE
DES ALIMENTS DU BÉTAIL

Paris. — Imprimerie de la Cour d'appel, L. Maretheux, directeur, 1, rue Cassette.

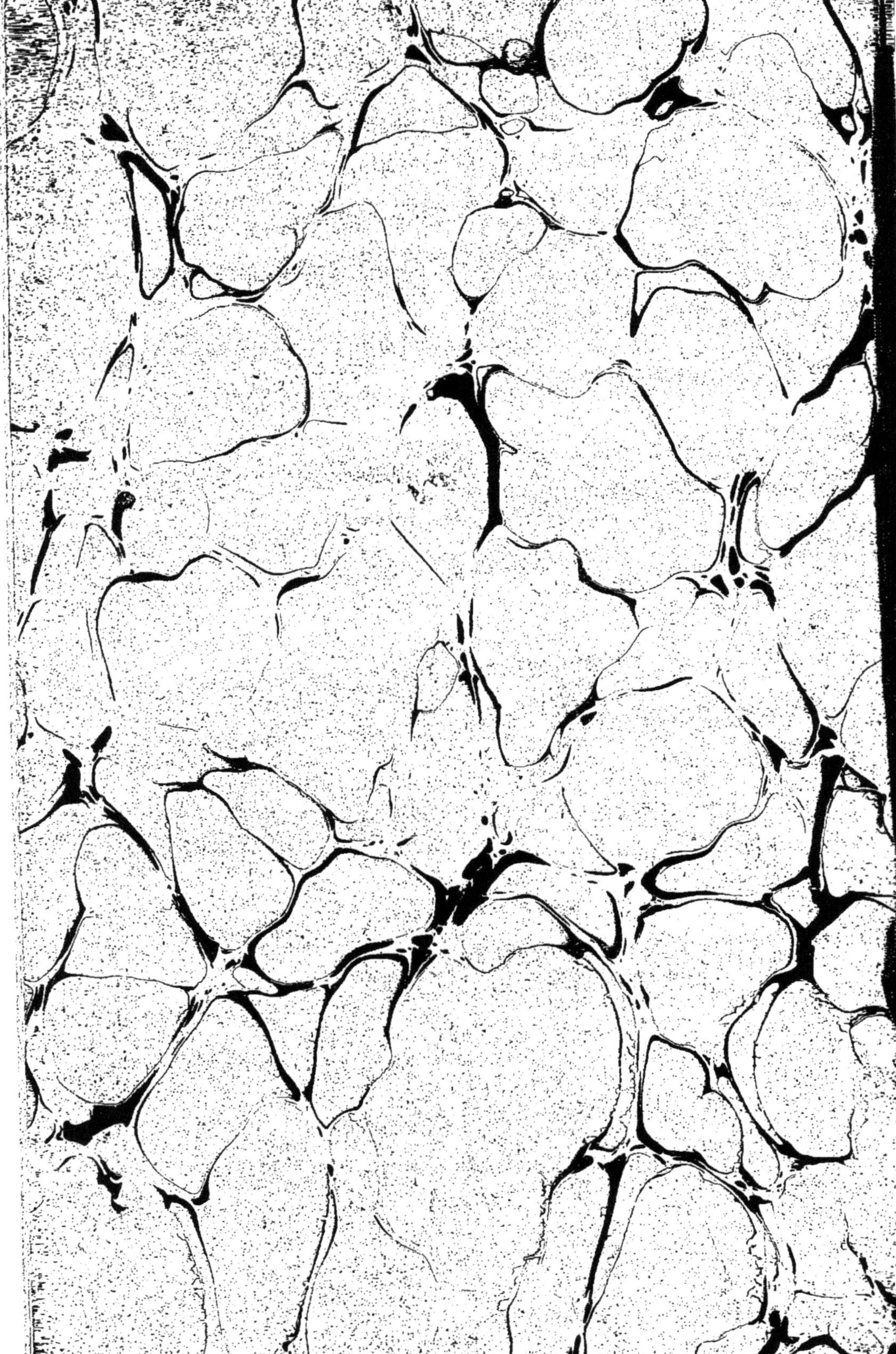

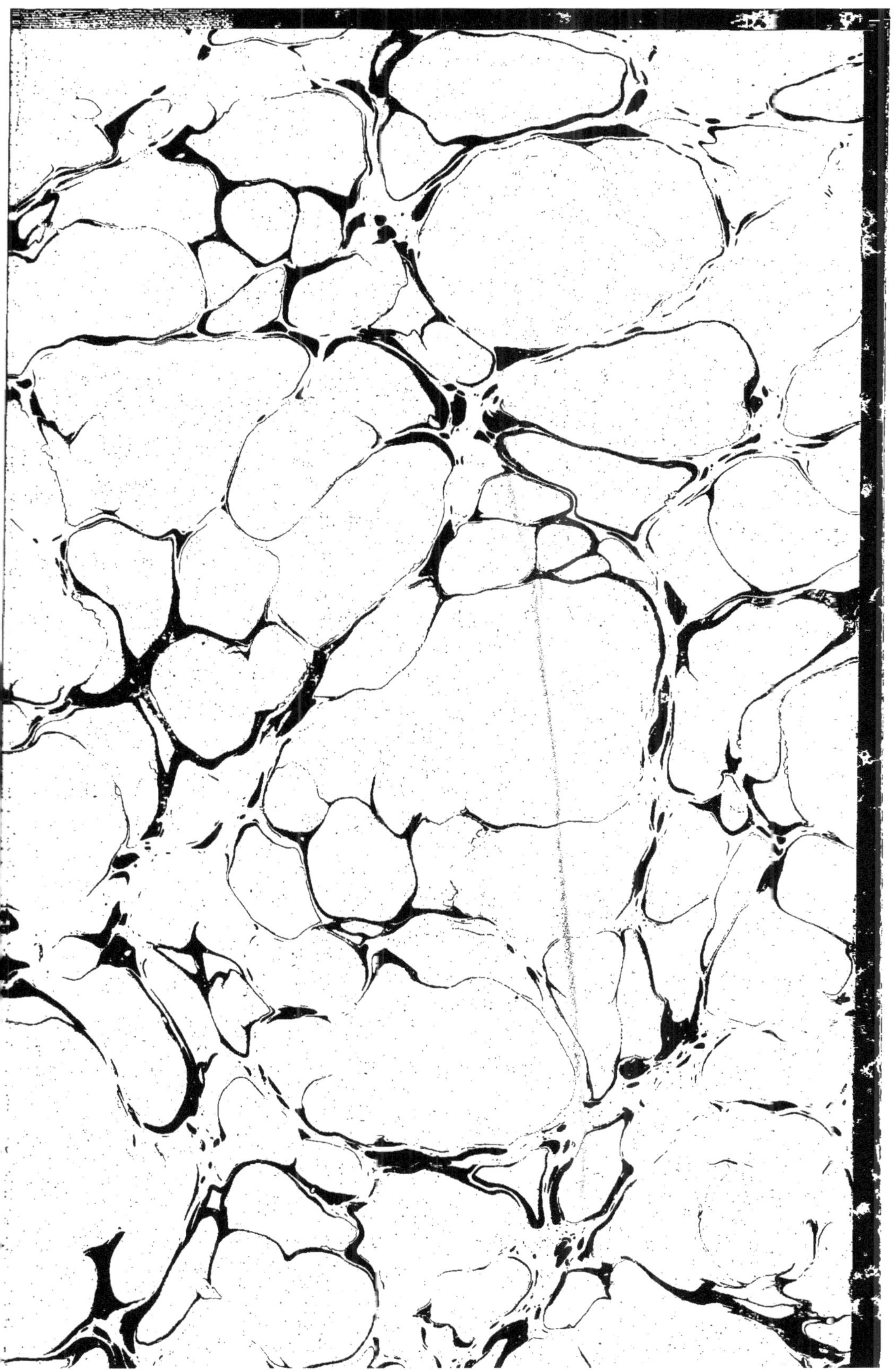

9 782013 416979